尘 埃

爱恨交织的微观世界

STAUB

Alles über fast nichts

［德］延斯·森特根（Jens Soentgen） 著

杨磊 译

中国出版集团

中译出版社

图书在版编目（CIP）数据

尘埃：爱恨交织的微观世界 /（德）延斯·森特根

著；杨磊译 .-- 北京：中译出版社，2024.6.

ISBN 978-7-5001-7958-0

I.Q939.1-49

中国国家版本馆 CIP 数据核字第 2024Y39F05 号

STAUB by Jens Soentgen
© 2022 dtv Verlagsgesellschaft mbH & Co. KG, München
Simplified Chinese translation copyright© 2024
by China Translation & Publishing House
ALL RIGHTS RESERVED

著作权合同登记号：图字 01-2023-1049 号

尘埃：爱恨交织的微观世界

CHEN'AI: AIHEN JIAOZHI DE WEIGUAN SHIJIE

出版发行：中译出版社
地　　址：北京市西城区新街口外大街 28 号普天德胜大厦主楼 4 层
电　　话：（010）68002926
邮　　编：100088
电子邮箱：book@ctph.com.cn
网　　址：http://www.ctph.com.cn

责任编辑：于建军
营销编辑：李佩洋
封面设计：潘　峰
内文设计：宝蕾元

印　　刷：北京盛通印刷股份有限公司
经　　销：新华书店

规　　格：880 毫米 ×1230 毫米　1/32
印　　张：6.375
字　　数：102 千字
版　　次：2024 年 6 月第 1 版
印　　次：2024 年 6 月第 1 次

ISBN 978-7-5001-7958-0　　　　定　　价：58.00 元

目录

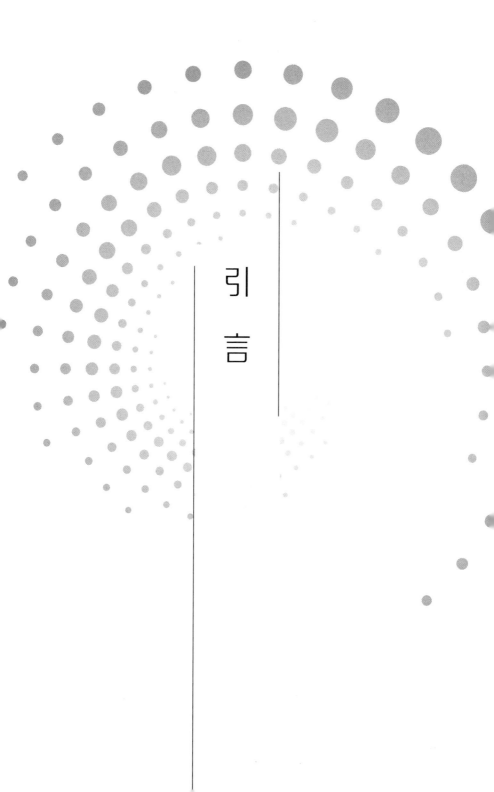

引言

请允许我来谈谈尘埃

搬到奥格斯堡（Augsburg）后，我不得不适应巴伐利亚（Bayern）当地的习俗。奥格斯堡大学环境科学中心大楼建成时，我参加了当时的竣工仪式，巴伐利亚州州长埃德蒙德·斯托伊贝（Edmund Stoiber）也来了，他慷慨地发表了一场关于巴伐利亚州的演讲。他宣称，巴伐利亚的中学教育是最好的，所有的学生都将成为精英！后来，他从我身边经过，摸了摸我的肚皮，说："你得多吃点儿，你太瘦了！"欢庆仪式上，人们载歌载舞，愉快地喝着啤酒，穿着绿色制服的警察乐队演奏着音乐，热闹非凡。

但是他关于中学教育的观点我不能认同，因为我来自北莱茵－威斯特法伦州（Nordrhein-Westfalen）。我来到图书馆，打开一本列有德国姓氏含义的百科全书。果然，我找到了斯托伊贝（Stoiber）的条目，"不安分，有志于做出一番壮举"。

总而言之，人们可以看到，巴伐利亚州历任州长的姓氏总是与尘埃有关，例如弗朗茨·约瑟夫·施特劳斯（Franz Josef Strauß）姓氏的含义就是指一个总是不断被卷入激烈争端的人。之前"施特劳斯"（Strauß）这个词在德语中意指争端。而现任巴伐利亚州州长的姓氏含义也跟随其前任。词典中说，"索德尔"（Söder）是指站在厨房里的人，字面意思是"把锅烧热"，因为他正在煮东西。索德尔的前任斯托伊贝说："站在厨房里的人必须能够忍受高温。"不仅是大量的热量，烧烤、煎炸和煮沸过程中也会产生很多微小的颗粒，也就是油烟。

巴伐利亚州的政治充满着喧嚣、争论和阴谋。巴伐利亚基督教社会联盟（CSU，简称基社盟）第一位女秘书长、后来的德国联邦社会事务部部长克里斯汀·哈德陶尔（Christine Haderthauer）经常抱怨这一点。她的职业生涯陡然开始，并在所谓的"车模事件"中跌跌撞撞地结束。哈德陶尔肯定有很多敌人，也喜欢争论。我们回到主题，"哈德"（Hader）的意思是再次争吵。同时，它也是破烂和被撕裂的织物残留物的旧称，也与我们这里的主题有关，因为当破布、织物残留物在针织厂被撕裂时，会产生厚厚的纤维尘埃，就像我们平常看到的尘絮一样。大家都知道，尘絮其实就是各种纤维相互交织纠缠在一起形成的。

而德国的许多其他姓氏也表明，人类和尘埃的联系要比我们想象中的多。有关尘埃的姓氏，人们有可能第一时间想到的是相当罕见的斯特博萨德（Steubesand）姓氏，在德国北部，这个姓氏被拼写为斯特夫萨德（Stövesand）。这个姓氏曾经被用来描述匆忙的骑手。在常见的姓氏中也可以找到尘埃的踪迹，例如，穆勒（Müller）是指磨坊主，一个磨谷物的人，他的工作场所自然到处都是尘埃；施密特（Schmied）是指铁匠，一个通过锤击、锻造等方法制造铁的工匠，制造铁的过程中也会产生大量的尘埃，其他姓氏也能找到与尘埃的联系，比如"科赫"（Koch）是厨师的意思，"劳赫"（Rauch）是烟雾的意思，还有"阿申布雷纳"（Aschenbrenner）意指烧灰器，"科勒"（Köhler）意指烧炭器。

尘埃非常烦人，也很危险，它可以越过重重屏障深入我们体内，甚至能够躲过那些专门针对尘埃的障碍。尘埃进入我们的身体会给我们造成各种伤害，比如引起炎症，诱发或者加重疾病。所以，人们一开始对于尘埃的研究都是从它给人类身体健康带来的影响的角度出发的，比如探究如何减少或消除尘埃。日常生活中我们也常常考虑这一点，比如我们会买一些减少尘埃的工具，例如吸尘器、鸡毛掸子、抹布和各种毛刷等。虽然尘埃对我们的生活不断造成困扰和威胁，但我们的世界却是建立在尘埃的基础上，这一事实看上去自相矛盾。

事实上，无论是过去还是现在，对于人类文明来说，尘埃都是不可或缺的。没有尘埃，就没有写作。即使是在今天，人们也在使用白灰、石膏或者粉笔在黑板上写字，书籍和印刷文件上的文字和图形也都是由石碳颗粒组成，并通过特定的粘剂附着在纸张上。这本书也不例外，它在尘埃的帮助下编写和印刷，又使用尘埃讲述尘埃的故事。

尘埃是文化追随者。凡是有人的地方，就有尘埃。像其他文化追随者一样，最初，尘埃来自大自然。大自然中也有尘埃，如果没有尘埃，我们熟悉的世界看上去将会完全不一样。我们头顶上的天空将不再是蓝色，春天将不再绽放花朵，秋天也不再会硕果累累，傍晚的晚霞和柔和的阳光都会消失。如果有尘埃，阳光会通过尘埃颗粒到达各种隐蔽的角落。尘埃是平衡的正义。

尘埃也具有哲学的、形而上学的意义。它使我们感到惊奇，而所有的哲学都是从惊奇开始的。因为尘埃恰好是一种处于存在和虚无之间的物质，它虚无缥缈，又实际存在。如果我们再仔细观察，你会发现，它正在邀请我们重新看待这个世界。

尘埃颗粒的行为与我们周围熟悉的事物完全不同，比如桌子、T恤、盘子、杯子和电话。我们每天使用的物品有一个特点，它会待在原来你放置的地方，当你又需要使用它时，它还在原来的地方，它不会在房间里随意移动，甚至消失，导致你再也找不到它。然而，尘埃不是这样，它不遵守我们的秩序规则，甚至还在嘲笑我们，尘埃飘荡在它喜欢的地方，我们既听不见它，也看不见它，更无法触碰到它，但尘埃却能触碰到我们，落在我们的身上，甚至进入我们的身体。

尘埃里藏着秘密，最微小的颗粒都能够讲述宏大而动听的故事。

尘埃一直吸引着不满足于观测世界上宏观物体的人的目光。对于微小颗粒的重要性和特殊性的认识，是现代社会和古代社会区别的标志之一。现代社会对于微观事物和宏观事物同样重视。

看看如今全球化的趋势，最小的尘埃颗粒也在不断地运动到世界各地，包括病毒和细菌。越来越多的森林火灾、越来越多的化石燃料燃烧，导致了全球变暖。城市化的扩张、沙漠化日益严重。可以预见，尘埃会受到各地包括欧洲中部的人们越来越多的重视。随着全球变暖和越来越频繁的干旱，欧洲也可能经历20世纪50年代美国那样的灾难性沙尘事件，当时沙尘暴卷起了当地干燥的、不可持续的耕地的土壤。所以，让我们静下心来好好观察一下尘埃，而不仅仅是用抹布和鸡毛掸子来清理它。

「尘埃」爱恨交织的微观世界

虚无与渺小：

什么是尘埃？

如果变成尘埃会怎么样？

做个比喻：如果我们变成了尘埃，生活起来一定很困难，但说不定也会慢慢习惯。不受重力的影响，漂浮在各处，轻易地穿过窗缝、门底，在短短几分钟内飞到几百米的高空中，是不是让人感觉自己像天使一样，十分美妙？但这时候仔细想想，你就会意识到作为尘埃的隐患。

在我们日常生活中，最能支配我们的力量就是重力。它给我们造成困扰，让我们苦苦挣扎，使一切都变得困难。就是因为重力，早上起床，我们要支撑起自己沉重的身体，拖着它去工作，直到晚上才能躺到床上解放我们疲惫的身躯。购物也很累，搬家也很累，还有其他的苦力活，这一切这么累都是因为重力。

即使我们在绝对水平的地面上行走，也要跟这股拉扯我们的力量作斗争，每走一步，身体向上移动的时候，重力都在努力将我们向下拉扯，打破我们的平衡，以战胜我们。除非我们躺在地上。

我们一直都在对抗重力，从一岁左右第一次站起来，直到生命结束。我们会发现，第一次成功站起来时，我们会感到非常自豪，然后慢慢地，站立和行走对我们来说越来越困难，最后我们再也站立不起来，重力最终获得了胜利。在我们使用的语言中，与重力相关的词语，像"摔跤""跌倒"或者"绊倒"，这些词都带有负面的含义，意味着失败。"挣扎"也是，代表着处于停滞状态。

在与这位重量级对手"重力"的长期斗争中，我们忽略了这些事实：重力会给我们的生活造成阻碍，但它也带来了秩序和稳定，甚至可以说，它支撑着一切，它是隐藏在生活每个角落中最基本的原理，每一件事物因为重力都才有了一定的稳定性。重力使玻璃杯可以稳定地摆放在桌子上，汤可以倒入盘子里，沙拉可以在碗里搅拌，而不是飘走。家具能够被放置在房间内，不会乱动或者不会像充了氢气的气球一样飘浮到天花板上。婴儿尿布也会静静地躺在垃圾桶里散发着难闻的味道，而不是在我们做午饭的时候，飘来飘去。

我们在外面遇到的汽车、自行车、行人和狗都是水平移动的，按照清晰合理的路线行动，而不是纵横交错地飘浮来飘浮去。我们也能在原地保持不动，除非我们自己做出决定，起身离开。

但这些到了尘埃这里就变得不重要了，重力只起到一点点作用。相反，物质中的其他力量在尘埃中扮演了更重要的角色。总的来说，世界变得更加不可预测，因为一切都可以无处不在，一切都可以相遇且相互连接。

如果我们化作了尘埃般大小，双腿对于我们来说就没有任何意义了，我们再也不能用双腿行走，就像宇航员在太空中"行走"一样。在地面轻轻踮一下，我们就会飘向空中。久而久之，我们大腿的肌肉就会慢慢萎缩。但对于尘埃般渺小的生命来说，双臂反而更加重要，我们可以利用双臂牢牢抓住东西固定在某处。依靠双臂，我们前进也会更轻松一些：用双臂抓住某些东西使身体不断移动。

永无止境的游牧生活！不能在任何地方坐下来，一旦松懈没有抓住东西，我们就会再次飘走。如果哪里有长凳或者椅子，一定要用钉子牢牢地钉在地上，我们如果想坐的话，还必须把自己绑在长凳或者椅子上。

吃饭喝水也同样变得非常困难。一定量的水，比如说一滴雨或者桌子上的一摊水，对于我们这些如尘埃般渺小的生物来说，也非常致命。一不小心碰到这些水，我们就会被淹没在其中。即使是我们的食物，像精细的面粉谷物等，也不会躺在盘子里，而是飘浮在空中。最轻微的风，都能将食物吹到空中。食物在空中飘来飘去，被我们饥饿的目光追逐着。

我们周围的一切都将处于运动状态！一切都会变得非常混乱！对于尘埃般大小的生命来说，飘浮非常容易，停留却异常困难。在尘埃的世界中，即使阅读本书都不容易，这本小小的书会紧紧地粘在你的手上、你的衣服上，就像一本太引人入胜的书，即使你想放下，也无法放下。

所以，可以想象，像尘埃般渺小的世界是如此混乱。一方面，我们可以轻易地飘来飘去，穿过窗户，穿过门缝，之前我们肉眼都看不见的隙缝，对于变成尘埃的我们来说，足以成为一个通道。我们没有翅膀，却能飞翔或飘浮，最温柔的微风就足够了。我们还可以不费吹灰之力就到达高空，甚至外太空，从宇宙俯瞰地球而不花一分钱，当然这些都取决于天气。但这些都不会有回程票，因为有目的的运动很难甚至不可能实现。

"有人落水了"是在海上航行时有人掉下船时的说法；在尘埃的世界中也是如此，一旦没有抓住飘走了，就再也不会遇到了。

尘埃般大小的生命会遇到很多危险。不受自身控制地飘离地面是其中之一，另一种更常见的则是突然被清理。家家户户都会有清除灰尘的工具，比如吸尘器、空气净化器，这些工具将移动、飘浮的灰尘集中在一起，最后将其倒入垃圾桶中。

尘埃的敌人不仅潜伏在室内，室外也埋伏着很多。最可怕的一类敌人，就是那种非常友善、看上去很美好的角色，比如密密麻麻的小雨那细软的水珠，但更危险的是雪。当人们在人类世界中说："多美啊，下雪了。"此时，尘埃的世界则如临大敌。在尘埃的世界，雪花就像巨大的拖把军队，在空气中慢慢下沉，俘走了所有没来得及逃到安全地带的尘埃。每片雪花都是由一粒尘埃诞生的，它们的核心都包含着一粒尘埃。一粒尘埃违背着自己的意愿，作为雪花结晶的核心，随着雪花一起落下。大多数尘埃都无法逃脱这个命运。

雪花慢慢飘落下来，一会儿向左，一会儿向右，带走了越来越多的尘埃颗粒。雪花的动作很容易让人联想到尘埃，这也是为什么雪花能捕捉到很多尘埃的原因。一项新的研究表明，即使雪已经落地，它还会不断地吞噬尘埃！这是因为雪花冷却了上方的空气，空气会随之开始向下移动，将仍在空气中的尘埃粒子带走，从而将尘埃附着在细小的雪花晶体上。

因此，雪，至少是城市里的雪，恰恰是最脏的降水。我们可以很轻易就验证这一点：只需捧一堆刚落下的新雪放在一个白色的盘子里，然后慢慢观察。在温暖的室内，雪很快就会融化，露出黑色的杂质。这黑色的杂质一般是由雪花落下的途中所收集的烟尘颗粒组成，而这些烟尘颗粒大多因为冬天城市的大量焚烧。如果我们仔细观察，还可以发现许多纤维。如果你曾用嘴巴尝过雪花，那一定能够记得那毛糙的口感，甚至还会有些金属的味道。当然，如果你对这些烟尘和废气的味道不感兴趣，那赶紧让手和嘴巴远离这美丽但也很脏的雪花。

如果说降水，特别是降雪对于尘埃来说是灭顶之灾，那么长期干燥加上日晒的环境对于尘埃来说则是最适宜的温床。水会使尘埃变重，粘连在一起，光照与热量则会将尘埃中的水分蒸发，越来越多的尘埃从地面飘浮起来，如果没有风和降水将其运走，它可以盘旋更久。在这种情况下，新的尘埃甚至可以无中生有，从单纯的空气中形成。

如果尘埃世界有自己的历史，那么人类工业化的开始肯定会作为一个革命性的重大事件被记载，因为从那时起，空气中的尘埃数量就开始稳步上升。越来越多、越来越不常见的微粒到达大气层，而最大的工业城市则成为最大的尘埃制造工厂，与之相比，火山制造尘埃的数量都不及它。自人类早期，人们就一直在制造尘埃，比如通过工具的锤击、钻孔、犁地和敲打，但更多尘埃的来源则是火。尘埃与火结盟已有约一百万年，火源源不断地产生尘埃，并输送尘埃至空气中。无论使用多么高科技的方法，燃烧火的过程中依旧会产生灰烬、二氧化碳和尘埃。随着人类使用越来越多的火，其燃烧过程中产出的灰烬、二氧化碳、尘埃也越来越多，气候也逐渐发生变化，地球上将出现越来越多的干旱、越来越多的森林火灾和越来越少的雪。尘埃世界将迎来真正的伟大时代！

现在你了解了一粒尘埃的快乐和它所面临的危险、它的恐惧和它的希望。但这一切的背后是什么呢？

为什么尘埃与普通物体的构成物质基本相同，但行为却完全不一样？为什么羊毛衫放在柜子里，而从它身上脱落的羊毛绒却在房间里到处乱飞，好像重力与它无关一样？为什么毛衣会起绒，但这些绒毛却不能组成毛衣？

跟大多数情况一样，这背后隐藏着物理原理。其中尘埃世界中的一部分行为可以由热力学来解释。热力学告诉我们：熵，即宇宙中的无序，是不断增加的。这就是为什么棉絮会从毛衣上分离出来，飘落在房间的角角落落，形成毛毛团，但从没有任何棉絮、毛毛团能够重新再组成毛衣的原因。

更有趣的是，尘埃世界的另一部分行为，可以通过表面物理学和表面化学来理解。对于大的事物来说，比如说人的身体，内部隐藏的东西要比外面显现的东西多。再比如，一个小洋葱，它就有很多层薄薄的内层，而外面只有一两层作为保护。与之相反的是，尘埃几乎没有隐藏的内核，外部没有隐藏或者包裹什么。尘埃是如此之小，以至于它的内核也是外表，根本没有什么内外之分。外表的物质可以接触其他物质，可以被触摸、啃咬、摩擦、加热、烧毁，非常活跃。尘埃表面之下没有隐藏的内核，一切都处于表面。这让尘埃不仅非常精细，而且非常敏感。它不是把自己的心脏放在手心里，而是赤裸裸地敞开，没有任何保护。

每个做饭的人都知道，细粉状的成分比粗粒反应更强烈、更迅速，比如白砂糖比冰糖溶解得更快，新鲜研磨的胡椒粉味道更足。而这一点在不可食用的物质中也可以被观察到：刷碗的细钢丝球高度易燃，在上面掉落一颗火花，它都会立刻燃烧起来，但铁丝网的铁丝就不会。众所周知，在化学实验室里，所有物质都会被研磨成粉末，从而得到更活跃的性质，这也是化学实验的标志之一。打一个比方，你用某种方式做出了极细的铁粉，比如说用研钵，只要你把试管倒过来，让铁粉淌出来，就极易被点燃，但这种情况绝对不会发生在铁钉上。同理，如果你用火柴点燃一粒小麦，它永远不会爆炸，但一茶匙的小麦粉与空气充分混合后，你再点火，立即就会发生爆炸。这是许多粮食加工厂被炸毁的原因，也是这些工厂经常位于城镇之外的原因。所有尘埃般微小的颗粒都缺乏保护层，它们的整个内核都暴露在外面，所以它们极其活跃，极易发生反应。

而表面积与质量的比例也解释了尘埃的高流动性，它们能够非常轻易地移动到任何地方。尘埃粒子能够漂浮起来，是因为它们的表面积远远大于它们的重量，就像一小片铝箔落下的时候会有轻微地旋转，而同样重量的铝球却会更快速地落地。

总结来看，尘埃就像是被解放的物质，或者说，是自由的物质，因为像其他物质能够被固定在某一处的东西，在尘埃中并不存在。尘埃是自由的，也不受保护，在一个又一个的地方飘荡。就像是到处游荡的人一样，尘埃连接着世界上静止的东西，它有时还可以跨越数千千米或者大洋，没有国家的概念，也不遵守交通法规。但就是这种缥缈的东西，连接着一切，因为一切都有可能变成尘埃，慢慢变得看不见、轻飘飘。

然而虚无缥缈用在尘埃身上实在太过消极，因为同时，尘埃也是一切，任何东西都能变成尘埃，或者尘埃能够变成一切东西，是事物形成前的酝酿。物理学家告诉我们，地球本身是由宇宙尘埃凝结而成的。尘埃遍布世界，不停地在运动、变化，没有一刻是静止的，而这个尘埃的小世界也参与了世界上所有的形成、发展和变化。

如何定义"尘埃"？

"尘埃"（德语为 Staub）作为一个词，自然而然地诞生了。它是动词"扩散"（德语为 stieben）的名词形态，意为向各个方向的无序运动，如"火花四溅"。动词"翻找"（德语为 stöbern）也与"尘埃"有关，因为它表示类似的行为，即无序地在各个方向搜索，以及"四处寻找"（德语为 herumstöbern）这个词也与尘埃有关，这个词常常用于这样的场景：狗兴奋地嗅着、四处翻找；或者图书馆里热情的学者正四处寻找某一本书。与飞行（德语为 fliegen）有关的动词"起绒"（德语为 flusen）也与尘埃有关。还有一个与尘埃相近的词是"绒絮"（德语为 Staubfluse）。从这些总结而出，尘埃是指向各个方向扩散的物质。尘埃的复数（Stäube）在字典中也存在，但在生活中并不常用，通常用于科学中描述很多种类的尘埃。

但是，一个词的语法和词源是一回事，它在我们心中引发的联想又是另一回事。可能大多数人听到"尘埃"时，首先想到的是眼前的灰色绒尘，就像长时间隐藏在床下的那一堆一样。回忆一下，之前你试图够出来床底下的儿童橡胶球时，是不是会惊讶地发现有一大堆灰色的绒尘藏在床底下，而明明昨天才刚刚用吸尘器打扫过。绒尘也被称为积尘、尘絮（德语为 Wollmaus，直译为毛茸茸的老鼠，用法语表达是"mouton de poussière"，直译为毛茸茸的兔子）。从这两个词可以推测出，有可能尘埃在德国的邻居法国那里不仅更大，而且会让人更舒适，尘埃无论在什么情况下都在活跃，只要你一接近它，它就会移动，就像是要逃走一样。如果你仔细观察，你会发现尘埃的纤毛不断地运动，这多么不可思议！尘埃似乎是由纤维、毛发、小碎屑组成的，这一切都是无序的，与我们井然有序的世界恰恰相反。这些组成物质不像我们的纺织物一样，会被梳理、刷洗、熨平、拉直，而是卷曲、缠绕在一起，人们都没有办法凭此确定绒尘的形状。我们甚至不知道它是从哪里开始，又在哪里结束。

而尘埃的行动也同样不可预测，它总是出现在你意想不到的地方，然后按照自己的计划行动，四处扩散，四处飞舞。尘埃以各种物质和生物的残骸及产生的垃圾为食，尤其是我们人类产生的垃圾。尘埃居无定所，像牧民一样到处游荡，却没想过要做什么有用的事情。我们人类追着它的屁股走，想永远让尘埃消失在垃圾桶或吸尘器里才感到安心。

但是，"尘埃"这个词不单单意指灰尘，作为这个世界上的另类，尘埃有可能还会引起人们一些深思、同情。因为在基督教礼仪中，这段有关尘埃的语句常常会在葬礼上诵读："尘归尘，土归土。"这正是基督教的重要教义，即一切事物皆为过眼云烟。

再想想一些关于尘埃的短语，最容易想到的就是这两个词："化为尘埃"和"践踏至脚底"（德语为 in den Staub zerfallen，直译为在灰尘里踩踏）。尘埃，在我们的日常用语中，它常常表示事物的结束，而不是开始。《圣经》是在一个靠近沙漠、干燥多尘的地方写成的，所以在《圣经》中尘埃常常被用作表达负面意思的词汇。比如，在耶稣派遣门徒时，他叮嘱门徒们，如果去了不信基督教的地方，回来时一定要"抖掉脚上的灰尘"，这是借鉴了犹太人的习俗。犹太人从外地旅行回来时，常常会将鞋子的灰尘抖落以后才进入他们的圣地，以免别处的尘埃污染圣地。还有一个原因，也使尘埃在《圣经》中常常代表负面意义，它会出现在表示某事或者某人不好的地方：因为尘埃无处不在。比如，在《圣经》中，蛇必须在尘埃中爬行。而尘埃积极的作用，比如说尘埃是农业和生命的基础，在《圣经》中所提到的就不多，更不会写赤脚走在细如丝的柔软尘土上会是多么愉快，或者蒙在家具上薄薄的灰尘总是给人一种温柔的感觉。《圣经》甚少描述尘埃的积极作用，这可能与《圣经》中也不常描写人类及其身体对世界的贡献一样，因为《圣经》中曾明确描述，人类是尘埃创造出来的，这一处只突出了人类的脆弱，并没有突出人类与尘土的紧密联系。

即使是那些从来没有或者很少参加基督教礼拜的人，对尘埃的看法也主要是负面的，人们常常由尘埃联想到破败。尘埃常常让他们想起岁月，因为那些旧的不再使用的东西上布满了尘埃，尘埃不仅使它们变得灰暗，还表明这些物件几乎不能使用了，已经没有价值了。凡是已经"坍塌成灰"的东西，世界上的任何力量都无法将其复原。它已经永远消失了。

然而，尘埃被认为是一种自然现象、文化现象，这是完全片面的。除了化为尘土，我们忘记了授粉，粉也属于尘埃的一种，授粉是植物繁殖的自然过程，没有花粉就不可能生产出小麦、苹果、葡萄、橘子或柠檬。

"气溶胶"：在科学领域中的尘埃

因此，科学界试图创造出自己的术语，以尽可能地保持中立，来定义这些飞来飞去、无序运动的尘埃。

这个词叫作"气溶胶"（A-E-R-O-S-O-L-E-N），很少有人知道这个词的正确发音，甚至一些气溶胶的研究人员也不一定能马上正确念出来。它是一个由希腊语和拉丁语两部分组成的人造词，大致意思是"空气溶液"。这又是什么？无论如何，这都不是指空气的某一种状态，要想了解这个专业术语，一定要把尘埃和空气放在一起看。

"气溶胶"，这个最新的定义尘埃的尝试，可以追溯到塞维利亚（Sevilla）的圣依西多禄（San Isidro）的《词源》一书。这部作品于公元 623 年首次出版。圣依西多禄在书中写道，被风的力量旋动的东西被称为尘埃："祈祷吧，我的孩子们。"所以不能把尘埃和空气分开考虑。为了证明这一事实，圣依西多禄没有引用任何观察或者实验，而是引用了《圣经》中的一首诗篇。

现代术语"气溶胶"只有几十年的历史。第一本关于气溶胶研究的教科书出版于 1955 年，由苏联物理学家尼古拉·阿尔布拉托维茨·富克斯（Nikolai Albratowitsch Fuchs）撰写。第一份有关气溶胶研究的杂志在 1970 年出版。

这个术语指的是悬浮的、细小的灰尘颗粒和空气或者其他气体的混合，这种表达方式意在提醒人们注意，科学界所研究的不是躺在地上或固定在容器中的一动不动的尘埃，而是漂浮、旋转、运动中的尘埃，也就是空气中的尘埃。气溶胶中的颗粒物质，是空气中的小颗粒，它可以是固体颗粒，如烟尘，也可以是最细的水滴，所以，蒸汽和烟雾都属于气溶胶。也有一些人工生产的气溶胶，比如喷雾剂，它将细小的有效物质喷出来，使其更好地被吸收或者飘散在空中。因此，气溶胶研究人员也关注生产有用气溶胶的可能性。但最重要的是，他们正在调查那些每天我们被迫吸入的气溶胶，如城市空气污染。

如今有一个庞大的国际气溶胶研究协会，但即使是他们也觉得这个难以发音的词很可怕。这些科学家在研究时，更愿意将他们的研究对象称为"汤"，这用来表达气溶胶的成分有多复杂倒是很贴切，比如说城市空气的组成部分。我参加了许多研讨会，从来没有听过与会人员用"气溶胶"这个词，更多的是听他们用"汤"这个词来代替。多种多样的汤，有的稠，有的稀，有分层，不静止，它"冬天蹲在城市里""暖和时，躁动起来"，或"被大风吹出城市"。"搅动汤"是科学家们经常用来形容他们所做的事情的词，在我看来，这个词非常贴切。我们搅拌着汤，把底部的组成部分带到顶部，从而更好地了解汤。这听上去也许很奇怪，但非常有意义，我举一个例子来说明。

在澳大利亚墨尔本，2016 年 11 月 16 日的一场雷雨中，哮喘病发作的人数激增，5 小时内有 1900 个紧急呼叫记录，医院急诊科完全忙不过来，结果有 9 人死亡。其他国家也有此类事件的报道，在暴风雨天气中，狂风所带起的尘埃要远比雨水所带落的尘埃要多。由于这种雷暴在季节交替时节出现的频率更高，奥格斯堡大学的一个研究小组对这一现象进行了研究。小组在安德烈亚·菲利普（Andreas Philipp）教授的带领下对雷暴性哮喘进行了调查，结果显示，在巴伐利亚州，可以发现在 7 月份与哮喘有关的紧急呼救数量达到了最大值。雷雨季节是 5 月到 8 月 —— 至少在巴伐利亚，几乎所有的雷雨都发生在这段时期 —— 其中 7 月是雷雨发生最频繁的时期。因此，雷雨天气与哮喘突发的联系在欧洲中部也得到了验证。到目前为止，与健康有关的气溶胶研究主要来源于数据统计。

如今，对于气溶胶的研究越来越重要。充满尘埃的空气在被雷暴搅动后发生了什么？可能是雷暴发生时的气流带起了更多的尘埃往上走，也有可能是爆裂的水滴搅动了可能已经被束缚在地面上的花粉和真菌孢子，并将它们带回空气中，增加了空气中尘埃的浓度。我们在日常生活中也观察到，强风常常带有灰尘。另外，雷阵雨带来的水分也可能会增加气溶胶的活动。我们研究得出来的结论，简单概括起来就是，在欧洲中部，哮喘、过敏的易感人群越来越多，这些人应避免在暴风雨期间外出，特别是在雷暴天气，当然这也比较符合常规。但除此之外，还应该关闭窗户，准备好适当的药物。急诊科也需要了解相关信息，以便能够更好地避免超负荷的情况。

雷暴性哮喘的例子表明，气溶胶研究不仅具有高度的医学意义，而且还能促进人们更正确地了解日常现象：雷暴时的空气并不像许多人认为的那样，非常干净，相反，它是一种浓度特别高的气溶胶。

对于气溶胶的公开研究中，"汤"这个词也许对于研究更有帮助，它更能促进人们的想象，而不是像这几个拗口的字母"气溶胶"（A-E-R-O-S-O-L）既难以理解，又不易传播。如果尘埃世界要给自己起一个完全中性的名字，当然也要易于理解，它也许会称自己为"微社区"。这个名称很好地表达了这个气体混合系统包罗万象的特征，还带有社会性的暗示，而这确实是尘埃世界的特征，尘埃世界并不是死的，而是充满生命力的，说不定尘埃世界也会有自己的宪法和基本法律。我想，基本法律的第一段应该是这样的：什么都可以，这是一个包容多元文化的世界，在这个世界里，有毒的和健康的、珍贵的和廉价的、本地的和外地的，都和平地飘浮着，生活在一起，互相寻找。

尘埃、小尘埃、极小尘埃：尘埃到底可以有多小？

"斯图加特（Stuttgart）已被尘埃淹没，谁能来救救我们，救救我们，谁能！"施瓦本地区的说唱歌手 M.C. 布鲁达尔（M.C. Bruddaal）是这么唱的，他提到了斯图加特市的一个长期环境问题。每年，特别是在冬季，斯特加特都有严重的雾霾，空气中充满了尘埃，这不仅是汽车尾气造成的，也是由于这座城市实际上位于河谷地区，像在井里，周围是相当陡峭的斜坡。这种地形使得风很难把灰尘吹出去，这就是为什么即使有"绿色市长"之称的库恩（Kuhn）也无法在斯图加特成功防治空气污染的原因之一，M.C.布鲁达尔为此感到非常失望，他说："库恩市长，你必须有所行动，别像个无头苍蝇。"

尘埃已经成为明星，不仅出现在说唱歌手的口中，还一次又一次地登上报纸和杂志的头版，尤其是在冬季，但它到底是怎么回事？人们每一次提到尘埃时，总会提到某些长度单位，特别是微米。物理学家很快解释了什么是微米，即1微米。1毫米是1米的千分之一（1/1000），1微米是一毫米的千分之一，而1纳米是1微米的千分之一。虽然我们对于米、厘米甚至毫米都相当熟悉，但我们中很多人很难具体想象微米甚至纳米到底有多小。

在正常情况下，我们接触的东西至少有1厘米大小，只有头发或针线的直径小于1毫米。很多人很难把针线穿进针眼儿里，我记得我的祖母经常让我帮她穿，她的视力已经没有那么好了。物理实验室有了高倍显微镜，标本制备也是年轻工作人员的工作，因为教授们的眼睛已经没有办法仔细观察标本，更不用说处理它们了。

那些构成尘埃的微小颗粒，其直径通常是微米级别，远比针线或颗粒样品更小。我们通常无法看到它们。但我们也不能简单地说，颗粒物质是"看不见的"，这就低估了我们的感知能力。

有些时候，我们甚至可以不借助任何仪器和显微镜感知到最微小的尘埃。

在电影院里每个人都遇到过这种情况：在完全黑暗的影厅中，突然一束强光照进来，如果你从侧面看这束光的话，你会看到其中有微小的灰尘颗粒在活动，这种现象甚至在石器时代就已经被人观察到了。因为这种现象不仅发生在电影院里，在任何一个原本黑暗的空间里都会发生，只要有一束光照进来。英国物理学家、登山家约翰·丁达尔（John Tyndall）在 19 世纪 50 年代首次对其进行了实验研究，他的同事们为了纪念他，将这个现象命名为丁达尔现象。黑暗背景下的光束仍然是今天测量空气中细小灰尘数量的一个重要方法，看到的光束越清晰，空气中的细小灰尘就越多。这也符合我们的日常经验：我们能够清楚地在浑浊的空气中看到光束，比如说在香烟、香炉、香烛的烟雾中。

还有一种情况下，我们也能看到非常非常小的粒子，这也许有些奇怪。当你得了流感以后从病床上一下子起来时，你会感受到血液在跳动，同时眼前会有一粒一粒的小光点在随着脉搏有节奏地跳动。即使没有感冒，有可能在躺着仰望蓝天的时候你也能看到这种现象，只不过不太清晰罢了。

这个场景下，你看到的不是我们周围的颗粒，而是我们体内的颗粒，它们是白细胞，随着血液的流动在眼睛的毛细血管中移动，这时白细胞后面会有一块阴影，这块阴影由更小的红细胞组成，这些红细胞被堵在这里。捷克生理学家扬·埃万杰利斯塔·普尔基涅（Jan Evangelista Purkyně）[1] 在1819年首次讨论了这种现象，它是视雪症的一种。白细胞的直径只有几微米。事实证明，我们人类的确可以不凭借仪器通过肉眼看见非常微小的颗粒。这些微小的颗粒通常只能通过高级的显微镜才能被观察到。眼睛能看到的黑色阴影，"飞蚊症"（mouches volantes）患者也能看到。随着年龄的增长，随着我们的眼睛慢慢老化，飞蚊症的症状会越来越明显，我们眼前看到的黑色阴影，它的尺寸也在

---

① 生理学家扬·埃万杰利斯塔·普尔基涅出生于波希米亚，波希米亚当时为奥地利哈布斯堡王朝的一个省。1993年后成为捷克共和国的主要组成部分之一。——译者注

微米范围内。这些也是不存在于我们周围的粒子，而是我们眼球内部的颗粒，是眼球液体中的沉积物，被快速的眼球运动所干扰，就像雪球中的白色薄片一样，然后又慢慢沉下去。

为了更好地解释微米的大小，我们可以借助欧元中的1分钱硬币[①]。这是目前在德国流通的最小的硬币，小到人们一再试图废除它。然而，对于尘埃研究人员来说，它继续存在是件好事，因为借助它可以很清楚简单地解释尘埃的大小。一分钱欧元硬币本身的直径为1.6厘米，也就是16毫米或16 000微米。这样的尺寸还是非常容易被观察到的，也能被触摸到。在硬币正面的数字1处，有一个地球图形，上面标示着欧洲。在这个地球图形的两旁，分别有6颗小星星。这些星星的直径为半毫米，即500微米。我们不费吹灰之力就能看到这些小星星，眼睛还能观察到更精细的东西。在每颗星星的下面有一个小小的凸起，当你在灯光下稍微来回转动硬币时，可以观察到这个凸起，它们的直径为54微米！这是属于尘埃的典型大小，很多花粉

①　欧元中的1欧分硬币与中国的人民币1分钱大小相差无几。—译者注

的尺寸大概也在这个范围内。如果花粉落到太阳镜上的话，我们也能够观察到，但是更小尺寸的颗粒，我们就无能为力了。

科学界特别感兴趣的尘埃是那些我们刚好能够看到的或者是之前没有观测到的。飘浮在空气中的颗粒大小通常在 1 到 500 微米之间。颗粒越小，它们在空气中停留的时间就越长；一个直径为 1 微米的颗粒在静止的空气中甚至需要 7 到 8 个小时才能下降 1 米。更小的颗粒，甚至能够盘旋数周而没有明显的下降。

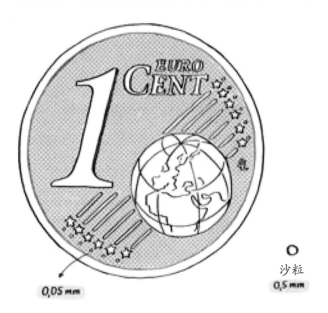

0,05 mm

沙粒
0,5 mm

我应该活下去吗?

　　每立方米空气中都含有成千上万的颗粒,有微小的水滴、细菌、细小的沙粒、烟尘颗粒、正在煎牛排的锅里冒出的油烟,还有植物的花粉颗粒,这些我们都有可能吸入。每一天,一个人吸入排出的气体总量有 10 到 25 立方米。

　　我们再往下想下去,就会觉得后怕。我们如何能在这种情况下活下来? 为什么我们的肺部没有像吸尘器的尘袋一样在短短几周内充满各种灰尘? 这就是天然除尘器相对于人工除尘器的优势所在,像其他较大的陆地生物一样,人类适应了在充满尘埃的陆地上生活。

　　我们之所以能够在这个充满尘埃的世界里存活下来,是因为人类的呼吸道可以帮助我们有效地排出吸入的颗粒。让生存越来越困难的是,这些天然的气溶胶中,混合了越来越多的其他颗粒,特别是在城市中:室内室外有许多炉子在燃烧,道路上有许多汽车在行驶,人们在吸烟,蜡烛在燃烧,霉菌在繁殖,病人在咳嗽和打喷嚏……这些都导致我们每天吸入呼出的空气质量越来越差,越来越易引发急性疾病。事实上,现在全世界有一半以上的人每天呼吸的空气都是有毒的"汤"。

在过去，粉尘研究只是简单地测量一定体积的空气中的所有尘埃，然后使用总悬浮物作为衡量标准。但在研究对健康的影响时，这种措施的信息量不大。其原因在于我们呼吸系统的性质。

正如上文提到的，我们的呼吸器官和身体作为整体，已经适应了生活在这充满尘埃的世界，如果人们吸入一点儿烟或者飘在空气中的尘埃就立刻出现严重的肺部问题，我们人类早就不存在了。事实上，鼻子、嘴巴和喉咙已经为我们身体有效地过滤掉了很大一部分大于 10 微米的颗粒。我们的呼吸器官是专门为此目的而设计的。空气在进入肺部的过程中必须改变方向：先是向上进入鼻子，然后向下进入肺部，然后再进入许多分支，我们的呼吸器官的构造像迷宫一样。鼻子里不仅有黏膜，还有较大的毛发和微小的纤毛，几乎可以阻挡所有的尘埃颗粒，也可以阻挡昆虫。最重要的是，进入鼻子的空气会被鼻子中的血管加热。如果人们用嘴呼吸，空气到达肺部的速度要快得多，但这些空气由于没有经过鼻腔的加热和过滤，会导致灰尘在肺部积攒得越来越多，人因此生病的概率也越来越大。鼻子、气管和支气管被一层不断快速自我更新的黏膜覆盖，通过这些有黏性、不断新陈代谢的黏膜，被捕获的颗粒将被清除，到达肺部的就只有剩下来的几乎不含悬浮灰尘的空气。

只有通过这些重重困难，尘埃颗粒才能抵达肺部深处，而能做到这些的，只有直径小于 5 微米的极小颗粒。幸好我们鼻子和支气管的过滤功能如此高效，不然只靠弱小无力的肺泡是不可能过滤掉这么多颗粒的。肺泡没有黏膜保护，只有清道夫细胞——巨噬细胞的帮助，巨噬细胞竭尽所能地清扫着到达这里的灰尘颗粒，但往往在吞噬的过程中它们也会被噎住。通过显微镜能够清晰地看到这些肚子都被刺穿了的认真工作的巨噬细胞。

在尘埃颗粒研究中，人们常常说：越小，越狡猾。PM_{10} 颗粒的有效直径为 10 微米，可以通过鼻子和喉咙，到达肺的上部。$PM_{2.5}$ 的颗粒最远可穿透到支气管，而小于 0.1 微米的超细粉尘颗粒，可以进入肺泡。

并不是所有渗透到肺泡的颗粒都真的有危险，即使是在城市的气体中，大多数细小的灰尘是由无害的盐类组成，到达肺泡时会慢慢被溶解。有一些附着了有毒物质的细小颗粒，在进入人体的过程中也会慢慢被无害化。这是因为在与火共存一百多万年的漫长岁月中，我们人类的身体已经进化出针对这些灰尘颗粒的解毒机制。但近些年来的尘埃颗粒实在太多，对于儿童和身患疾病的人来说非常危险：吸入过多的尘埃颗粒，会导致疾病甚至过早死亡。更糟糕的是，有些尘埃颗粒含有毒性，比如石棉，直至1993年，德国才禁止使用石棉，之前建造的许多屋顶、墙壁上都还在使用石棉。接触石棉的人通常在初期没有什么症状，但在多年后常常会患上致命的疾病——恶性间皮瘤。这种恶性疾病大部分都是由石棉纤维引发的。恶性间皮瘤几乎无法被治愈，被确诊的患者中的90%通常在五年、甚至一年内死亡。如今德国每年仍有1000人被确诊患有与石棉有关的间皮瘤，还有许多人即使自己没有得过间皮瘤，但或多或少也都认识患有间皮瘤的人，因此也了解了这种疾病的可怕之处。有些患病的人只是间接接触了石棉，比如清洗了建筑工人的衣物，不戴口罩进行环卫工作。石棉的可怕之处众所周知，但仍有许多国家在使用石棉，例如俄罗斯、印度和巴西，只是因为这种材料非常实用和便宜，而其带来的危险，比如可吸入颗粒物，也常常被忽视或淡化。这就是我们应当重视尘埃的原因之一。

尘絮和可吸入颗粒物：哪一种更危险？

尘埃的种类多种多样，而家里的尘絮和城市中的可吸入颗粒物，是尘埃世界中大家都熟识的两个最著名的角色。当然，这两位重要角色，也是尘埃世界中最普通、最常见的两种形态。

尘絮像一只害羞的鹿一样，躲躲藏藏，但我们仍能观察到它。就像我在第一章描述的，在特定的光线中，比如太阳斜照进房间，尘絮的身影就会清晰地显现出来。然而有些时候，比如在冬天，德国常常阴天，日照很短，在人造电灯的灯光下，我们是发现不了尘絮的。与之相反，在晴朗的日子里，明媚的阳光照进屋里时，我们就能非常清晰地看到尘絮，这总是会促使我们开始打扫房间。一项由吸尘器制造商赞助的研究结果表明，早上的确是使用吸尘器打扫房间的高峰时段。

城市中的可吸入颗粒物也有它的高峰时间段。它在冬季最容易被看到，例如，下雪天，在覆盖了积雪的车水马龙的街道边缘，常常会有一层黑色物质，这层物质就是可吸入颗粒物，或者当你从远处看到城市上空仿佛戴着一顶灰蒙蒙的大帽子时，不用怀疑，那就是可吸入颗粒物。在某些地方，比如世界上一些大城市，不用等到冬天也能观察到可吸入颗粒物。那些地方的人们一年四季都能感受到在周围有细小的灰尘存在，比如莫名其妙的突如其来的咳嗽，或者雾霾浓到无法看清道路的另一边。如果去过这种城市，你就会发现，你的衣服很快就会被弄脏，而且通过擤出来的鼻涕，能够非常明显地看出，吸入的空气非常不健康。后文我们将详细描述这方面的内容。

尘絮的世界

尘絮 —— 有些人会非常害怕它，讨厌它。但实际上，尘絮柔软、害羞，小心翼翼地躲在边边角角，不引人注意，也不可能绊倒我们。

尘絮主要由纤维性颗粒组成，还有 20% 的组成部分是来源各异的各种类型的碎屑以及矿物颗粒。尘絮通常是灰色的，因为不同颜色的纤维末端混合起来的颜色就是灰色，而且大部分人家里的尘絮都是由人类皮肤和毛发的碎屑组成，这些纤维、颗粒打结、缠绕就形成了尘絮，这是尘絮的基本结构。在尘絮中还能发现一个非常有趣，但是不太受人类喜欢的动物世界。有些动物会寻求尘絮的掩护，比如幽灵蛛科的蜘蛛，这种无毒的蜘蛛在家里非常常见，你一碰它，它就会剧烈地来回摆动。除了幽灵蛛科的蜘蛛，尘絮生物群落中还有花斑皮蠹（德语：Museumskäfer[①]），这种甲虫常常出现在博物馆中，但这不是因为它们对知识的渴望，而是因为它们的食物在博物馆里，它们孜孜不倦地啃食着博物馆的各种物品，一步一步地粉碎这些物品。跟花斑皮蠹很像的一种甲虫是地毯甲虫，地毯甲虫除了喜欢吃尘絮，还特别喜欢啃咬地毯。谷物甲虫在城市住宅中并不常见，但在农村却非常普遍，它以谷物为食，而且考古发现，自新石器时代以来，它就一直伴随着人类。还有尘虱和螨虫也生活在尘絮中，它们是以人类的皮屑为食。

———————

① 德语直译为博物馆甲虫。——译者注

当然，生物群落中也有那些既不藏身也不生活在尘絮里的生物，比如偶尔会在尘絮中结束生命的动物的遗体，像苍蝇或者蚊子。尘絮中也有细菌和病毒，但并不比房子里其他地方的多。

「尘埃」爱恨交织的微观世界

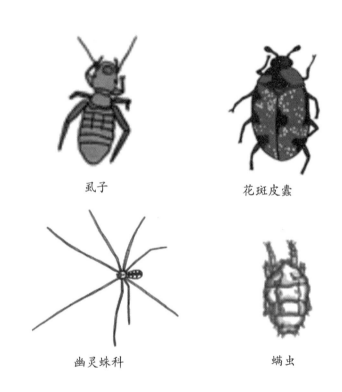

虱子　　　　　　　　　花斑皮蠹

幽灵蛛科　　　　　　　螨虫

在新冠病毒大流行期间，很多人待在家里的时间大大延长了。人们在自己的家里观察，不知道为什么，将对于新冠病毒的恐惧与家里的灰尘联系在一起，大家突然意识到，很多危险的疾病潜伏在家里的尘絮中。

吸尘器制造商对此非常高兴，他们认为吸尘器的未来一片光明，会有越来越多的人购买吸尘器。但真的像人们以为的，所有垃圾、尘絮都被清理干净，我们就不会再生病了吗？家里的尘絮又有多危险？

从科学角度出发，只能给出个老掉牙的答案：这得看情况。对于小孩子来说，家里清扫尘絮非常有必要，因为小孩子总是喜欢把所有他们能抓到的东西放进嘴里，他们爬行时，灰尘还会粘在他们黏糊糊的手上，灰尘很容易就通过手进入小孩子的嘴里。大部分尘絮的组成部分是无害的，比如毛发、纤维和皮屑，但有一些物质有些问题，这些物质进入人体内会变成内分泌干扰物，改变某些荷尔蒙过程，这些物质通常是塑料，比如某些纺织物的纤维或者包装。

然而，目前还不知道这些物质对于小孩子来说是否有危险，以及危险的程度。有些确定有危险的物质，主要存在于老旧、破败的建筑物中，人们第一时间就会想到旧涂料和墙漆。有一种非常著名和广泛使用的颜料叫铅白。它的生产非常简单：在过去，铅白的制作方法是在密室的地板上铺上马粪，在上面加一碗醋，醋被加热散发蒸汽，蒸汽的上方挂上铅箔。尽管这种生产方法听起来很奇怪，但我也验证过，的确能够制造出原始的白色颜料：铅白。这种颜料被使用了几个世纪，一直是最受欢迎、使用最多的颜料，但像所有的铅化合物一样，它的毒性非常强。在美国，有一个强大的铅游说团体，主张在汽油中使用铅化合物，铅白直到1978年才被禁止使用，这就是为什么在20世纪60年代以前建造的大多数房屋墙壁上仍能找到含铅的残留物。成千上万的房子都有这样的问题，特别是窗户和门，因为经常使用，所以窗户和门上的油漆涂层很快就会剥落，然后变成房间内尘絮的一部分，小孩子很容易就能接触到，并吃进自己的肚子里。铅会导致神经损伤，这对幼儿的影响尤其大，因为幼儿的神经系统还处在发育中。

铅白

在德国——前德意志帝国——早在 1921 年就禁止使用含铅涂料。在这之前的建筑中仍然存在含铅涂料，所以建议在这些老房子里生活的孩子们，最好换一个地方继续从地板缝中掏出灰尘、研究灰尘，而且一定要勤洗手。

对于过敏症患者来说，尘絮也是一个问题，因为过敏原会积聚在尘絮中，比如房屋尘螨的粪便或花粉。因此，过敏症患者必须更频繁地打扫房间，在打扫房间时或者其他必要场景下，还需要戴上 FFP-2 口罩[①]，以避免吸尘和清洁时搅动的灰尘带来的问题。

然而，除此之外，尘絮对于成年人来说并不是什么头号健康杀手。

我们不会因为打扫卫生的次数太少而感染新冠病毒，尘絮一般都在地上，成年人很少会吸入尘絮，地上的尘絮对于成年人来说构不成什么威胁。

家里的尘絮有个有趣的现象，我们每次打扫房间时都会想：这些尘絮是从哪里来的？这些尘絮似乎是无中生有，凭空产生的一样。观察表明，尘絮主要出现在纺织物比较多或者常常有纺织物被翻动和拍打的地方，在

---

① FFP-2 类口罩是指达到欧洲标准的口罩。——译者注

儿童的卧室中尤其如此。家里的尘絮简直是尘埃与尘埃相互吸引的活生生的证明，同时也证明了尘埃是社会性生物，它从来不会长期孤立存在，尘埃们一直相互依附，不断地组成有空隙的群体，与之相伴，它们的可活动性也渐渐变差。

尘絮在形成过程中，必须有越来越多的纤维或者其他尘埃加入进来，同时，空气需要不断流动，将这些尘埃慢慢组成一个小小的尘絮，然后慢慢变大。因此，尘絮只能产生在那些扫帚和吸尘器够不到、人类也很难清扫的地方。这就是为什么我们常常在黑暗的犄角旮旯里发现尘絮——因为那是尘絮能够生存的唯一空间。

来，让我们一起找找房间里的尘絮，去它生活的地方找寻它，找找尘絮的秘密藏身之处，看看尘絮是如何在那里变大的！

当我们走进房屋时，通常会先经过走廊或者过道，这里是较大尘埃聚集的地方，比如一些小颗粒或者在冬天常常会出现的盐和沙砾。就算没有看到这些尘埃，在用吸尘器时你也能够听到这些较大尘埃被吸入管中的声音。从过道进入客厅，在这里也能够发现尘絮，但比我们想象中的要少得多，因为客厅虽然是个被各种纺织物装饰的"好房间"，但这些纺织物并不常常被翻动，在活动少、摩擦少、使用少的情况下，纤维脱离也相对较少，因此，客厅的尘絮常常缺乏养料，非常瘦弱。但客厅有时也真的成为一个尘埃高度集聚的地方，比如在壁炉烧木头时、蜡烛燃烧时、人们吸烟时，这都会急剧提高客厅中的尘埃数量。人们有的时候还会在房间里点燃熏香棒来"净化空气"，由这种天然材料产生的尘埃看上去是蓝色的，这表明它是如此之小，以至于这些尘埃会在盘旋了很长时间后才慢慢地、均匀地沉积在各处，比如天花板上、墙上，或者住在这里的人的呼吸道里。

尘絮在卧室里茁壮成长，它喜欢这里的一切：有大量的纺织物，并且物体的运动状态很适宜，有的保持静止，有的则不停地活动。在床底下还有柔和的气流来回流动，这是由床垫的膨化效应产生的，睡在床上的人（不论他是否失眠）来回滚动时，床底下的空气也会来回流动，由此尘絮慢慢形成，卷成漂亮的形状。另外，卧室中也会摆放一些沉重、不实用的抽屉和柜子，尘絮在这里生活得很好，因为吸尘器通常够不到这些抽屉和柜子的底下和后面。我们睡觉的时候头部常常会与枕头摩擦，这是掉头发的主要原因之一，因此，卧室里会出现很多人们掉落的头发。卧室还是

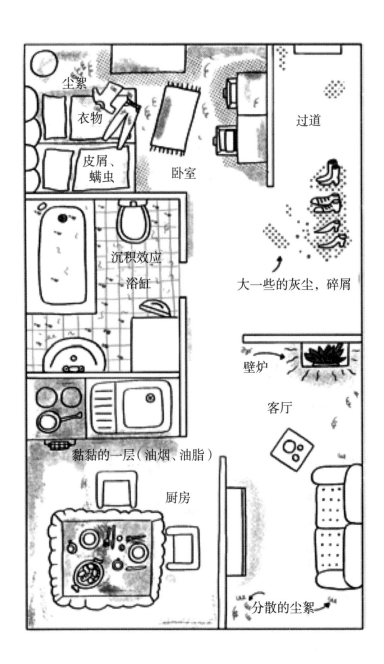

尘絮

衣物

皮屑、螨虫

卧室

过道

沉积效应

浴缸

大一些的灰尘，碎屑

壁炉

客厅

黏黏的一层（油烟、油脂）

厨房

分散的尘絮

家里螨虫的老巢，螨虫以人类的皮屑为生，常常居住在枕头里、床垫中，数量多得吓人。

在浴室又是另外一番景象，这里的地面大部分都被铺上了瓷砖，每根纤维在这里清晰可见，灰尘不会集聚在一起，形成尘絮，而是保持可见的单一纤维，牢牢地附着在地面，这种现象在自然界中也被称为"沉积效应"。水蒸气在单个纤维或颗粒周围凝结，使它更快地下沉到浴室的地板上，水和湿气将这些尘埃固定在那里，无法集聚成尘絮。因此在浴室里，只可能在洗衣机的后面找到尘絮。

浴室里的尘埃是典型代表，这儿的尘埃相比于其他房间的尘埃更清楚地表现出尘埃不屈不挠的韧性。

这就是所谓的簸箕悖论（Kehrblechparadox）[①]，是德国纪录片导演哈特穆特·毕托姆斯基（Hartmut Bitomsky）在奥格斯堡大学与我们一起拍摄他的故事片《尘埃》（Staub）时告诉我的。《尘埃》这部电影于2007年在威尼斯电影节首映。毕托姆斯基告诉我："总有一些事情无法尽善尽美，比如说总是能看到一些遗留在簸箕外的尘埃。"对他来说，这并不是悲观主义的

----

① 这里作者指总有一小撮尘埃扫不进簸箕里。——译者注

想法，他反而声称："我们不能用实用主义的目光看待一切事物。"当我称赞他的簸箕悖论很巧妙时，他谦虚地说道：这不是他创造的理论，而是法国作家雷蒙·格诺（Raymond Queneau）的，后面他说他会把这个悖论的相关出处发给我，但后面我始终没有收到毕托姆斯基发给我的相关信息。我找了好多年，阅读了每一本雷蒙·格诺的作品，直到读到了雷蒙·格诺的小说《老利蒙的孩子》（*Die Kinder des alten Limon*）。这本书讲述了各种有学问的疯子处理各种无法解决的问题，如圆的平方、寻找 π 的准确值或永动机。尘埃与这些无法解决的问题极为相似，因为它也能让你无限期地忙碌下去，用四页纸的篇幅来描述清扫储藏室的过程，这是尘埃文学的绝对亮点，这段话会让每个真正的尘埃研究者感到兴奋。清扫工作完成后，人们发现一切都做得很满意，几乎是一切都很满意："唯一的（困难）是边缘上的一些小灰尘，永远无法用扫帚扫进簸箕里。人们只是不断地稀释了它，而没有让它完全消失。"[①]

其他地方都没有办法像浴室的白色地板那样，清

---

　① 　雷蒙·格诺（Raymond Queneau）. 老利蒙的孩子 [M]，美茵河畔法兰克福，1988: 239.

晰地呈现簸箕悖论。白色地板上总是有清晰可见的尘埃，即使我们来回擦拭，还是会有残留着的尘埃。最后，人们只能气急败坏地放弃，干脆用布把这个地方盖起来，然后大声地说"现在终于都弄干净了"。

厨房里的尘埃又有所不同。尘埃在厨房的上方形成了黏黏的、油油的一层，很难擦去。我们在做饭的过程中，热锅中"嘶嘶"作响的油脂进入空气中，与各种尘埃颗粒一起粘在家具表面上形成这种尘埃。它们非常难以清除，只能用特定的溶剂来处理。

尘埃来自哪里？

我们无法躲避尘埃，因为我们无法逃脱自己。无论是在行走、站立，还是在工作，我们都扬起尘埃。看看我们梳妆打扮后，就知道了：尘埃以白色头皮屑的形式掉落在深色的外套上或者黑色晚礼服上，特别明显。

即使是那些认为自己绝对没有头皮屑的人，也会制造尘埃颗粒。在无尘室中的研究测量已表明这一点。无尘室主要用于实验、生产微电子设备或药品，必须尽可能无尘。在无尘室中，人们全副武装，穿着全套防护服，戴着呼吸面罩和手套，安静地坐着，每分钟也会排放大约 10 000 个尘埃颗粒。如果他们开始走动，排放尘埃的速度会增加到每分钟几百万个尘埃颗粒。可想而知，人们在没有穿任何防护服的情况下，排出的尘埃颗粒数量会更多。即使在太空中，也没有零尘埃的空间。事实上，国际空间站上也需要用吸尘器吸尘。

　　家里的尘絮很大一部分是来自我们的身体和我们处理的东西，另一部分是通过窗户飘进来的，比如花粉、汽车尾气中的细小尘埃颗粒，或者是来自撒哈拉沙漠的细小矿物尘埃。在特定的天气情况下，撒哈拉沙漠的尘埃颗粒可以飘过很长的距离，来到我们家中。

　　屋里有灰尘，屋外也有灰尘，我们应该怎么做？有些人得出了一个激进的结论：最好尽可能少地通风。但事实证明这是错误的。首先，外面的灰尘密度通常只有室内的一半。另外，通风也可以解决室内气体恶化的问题，像人们新陈代谢出的气体：水蒸气和二氧化碳，这些都可以通过通风排放出去，也包括其他一些令人不愉快的气体。

　　如果你住在交通繁忙的街道上，建议你在路况良好、不堵车的时候进行通风，比如清晨。对于过敏症患者来说，也建议在清晨通风，因为清晨空气中的花粉浓度很低，在城市里是这样（在农村，晚上是更好的通风时间）。此外，窗户上装的细孔防尘网也很有帮助，它能够过滤掉很多花粉。

尘絮的进化：想象中的博物馆

似乎所有的东西都有人在进行收集和展览，从邮票、骑士的盔甲到马车、汽车和船舶。而现在还缺少收集尘絮的人。

已经有一些人正在采取措施向着建立尘絮博物馆这个方向努力。比如，科隆的艺术家沃尔夫冈·斯托克（Wolfgang Stöcker）建立了德国尘埃档案，已经收集了600个尘埃样本。艺术家团体"莫普艺术"（Mop Art）也致力于收集尘埃。但可惜的是，我后来听说，他们已经不再收集尘埃。我这儿有一个莫普艺术团体设置的尘埃收集装置，它是一个漏斗，通向一个空的丙烯酸玻璃立方体，根据莫普艺术团的承诺，这个立方体将在大约一万年后会被灰尘填满，我把这个尘埃收集装置放在书架上已经 20 多年了，玻璃容器里已经收集了一些尘埃，还有一只蚊子。

但这只是一个开始！

没有什么能够阻止我们想象出一座尘絮博物馆，这个博物馆有可能是由一个疯狂的、有钱的吸尘器企业家资助创办的，他在前几十年里慢慢地积累各种尘絮，然后在一个壮观的崭新的博物馆中向公众展示他的藏品。开幕式上的新闻稿会提到"迄今为止发现的最古老的尘絮""世界上最大的尘絮""各个国家、各个时代的尘絮""查理曼大帝的尘絮""国际空间站的尘絮"，但同时也会提到"未来的尘絮"。尘絮博物馆根本不用担心缺少参观者，这是所有与尘埃有关的职业群体的必修课，比如所有吸尘器公司的员工、空气过滤系统制造商、无尘室操作员。来自各国的法医技师也会很乐意来参观，更不用说环境科学家。这个博物馆展示了全球各种各样的尘絮，这儿不仅有灰色的尘絮，还会有红色的尘絮和其他五颜六色的尘絮，更有金色的尘絮、稀有宝贵的尘絮，带有剧毒的尘絮。

系统地收集有史以来所有的尘絮，能够带给我们什么？它们的信息含量和文化价值将是无价的。别看它们表明上都是灰色的，事实上，如果你仔细观察，会发现尘絮是五颜六色的，每一个都不一样！尘絮甚至还受到文化演变的影响，包括文化进化的影响。从尼安德特人的驯鹿毛尘絮到人类世界的全球化和全合成尘絮，实际上如今的尘絮根本不应该被称为自然尘絮，而应该被称为聚酯尘絮。截至目前，现代尘絮是漫长的尘絮进化过程中，最后一环，而这一环还没有在任何地方被详细描述过。

现在让我们闭上眼睛，望向天空。是不是感受到在我们眼球中搞恶作剧的小尘埃颗粒的影子，它们永远安全，不会受到任何迫害。慢慢地，它们在视野中徘徊，又舒服地安顿下来。在尘埃粒子轻轻上下浮动的哄骗下，我们梦见自己进入了壮观的、新开放的尘絮博物馆。就在第一个房间的正中间有一件展品，在半明半暗中闪烁着光芒的珍贵的珠宝，这是最重要的收藏品之一——原始尘絮。

我们走近一看：这个尘絮厚厚的，它带着红和黑的颜色，周围缠绕着骨头碎片和木炭碎屑，它躲藏在德国西南部的石灰岩洞里已经上千年了，现在突然被发现并展览出来，令它非常不开心。它之前安稳地居住在一个被落石密封的岩洞里，直到一队洞穴学家偶然发现它……

原始尘絮

这个原始尘絮还未长大时，冰川覆盖在阿尔卑斯山脉，非常寒冷，但日照充足、天气晴朗，大群的动物在辽阔的平原上吃草，尼安德特人追逐着这些动物。

原始尘絮 [1]

尼安德特人居住在山洞里，不轻易搬家。他们在洞穴里准备饭菜，燃起篝火取暖，在犄角旮旯里，特别是睡觉的地方，慢慢积攒出来尘絮，很少有人会注意它。当时的尘絮主要由动物的皮毛屑组成，比如尼安

---

[1]　德语中Maus有老鼠的意思，所以原始尘絮像老鼠一样。——译者注

「尘埃」爱恨交织的微观世界

德特人特别喜欢用的驯鹿的皮毛，或者来自其他动物的皮毛，雪兔、洞熊、野马，这些都是尼安德特人的猎物。尼安德特人自己的毛发也是尘絮的一部分，大部分毛发是黑色的，有时是红色的，相当蓬松，厚实。

这堆原始尘絮最引人注目的地方是它的红色色调。出现红色色调的原因是，尼安德特人的生活中不仅有普通的灰尘，还有特殊类型的灰尘，这种灰尘来自赭石。这是一种细碎的颜料，大部分是黄色的，但在被火加热后会变成鲜红色，有时甚至呈现出紫色的色调。赭石是一种铁化合物，常被用来处理毛皮，也被用作驱虫剂，作为葬礼仪式上的材料，还会被用作化妆品，人们将细小的红尘擦在皮肤和头发上。他们还将赭石用于洞穴壁画。灰烬和木炭屑也存在于原始尘絮中。所以，从远古时代至今，人类住所中的尘絮和动物巢穴中的尘絮一直有所区别。

因为没有动物会使用火！人类使用火已经有大约100万年了，大约10万年前，人类就已经能够人工主动生火，人类的历史在很大程度上是一部火的历史。火的痕迹、燃料、燃尽的残骸、灰烬以及烟尘，至今仍然是人类住所的特征。

毕德麦雅时期的尘絮

　　参观完原始尘絮，穿过一个巨大的房间，里面有来自各大洲的五颜六色的尘絮，进入下一个大房间，在房间中间，一堆毕德麦雅尘絮躺在一个独立的陈列柜里。

　　毕德麦雅时期（Biedermeier）是指德意志邦联诸国在1815年至1848年的历史时期。猛犸象在毕德麦雅时期早已绝迹，驯鹿和雪兔在德国也已不复存在，但我们还是找到了尘絮，并且尘絮的德语名称就是来源于此！毕德麦雅时期的尘絮（Wollmaus）含有许多绵羊（Wollschaf）的毛，当时的德国有大批大批的绵羊在草原上游荡。

　　羊毛纤维，赋予了尘絮名字，但它只是毕德麦雅时期尘絮的一部分。另一部分占比更大，是由植物纤维组成。当时的很多衣服、毛毯、披肩都是用亚麻布制成的。亚麻由一种非常美丽的开着蓝色的花的植物的茎秆制成，人类至今仍在使用亚麻。2007年和2008年，在格鲁吉亚的一个山洞里有人发现了488根独立的亚麻纤维，经测定，这些纤维的历史超过3万年。

　　直到19世纪，在许多农村地区，人们仍然用亚麻

「尘埃」爱恨交织的微观世界

来纺织布匹。人们在家里的纺车上将亚麻纺成线，然后再织成布匹。虽然当时已经有工厂在用棉花纺织，但在家家户户中，亚麻纺织仍然很普遍。特别是在晚上的时候，妇女们坐在壁炉旁，踩着纺车纺线。有人亲眼所见并记录了下来：石勒苏益格 - 荷尔斯泰因（Schleswig-Holstein）的生物学家、教育家弗里德里希·荣格（Friedrich Junge）在其 1891 年的作品《德国本土风情文化》（*Die Kulturwesen der deutschen Heimat*）中写道，在他年轻时，农妇们仍有整箱的自制纺织物。在农村，每年每个女孩都要播种一大桶亚麻籽，种植、收获并加工。亚麻开花时，人们割下它的茎干，捆绑成一堆，放置在田里。随后人们将纤维从秸秆中分离出来，然后将这些金色的、非常结实的纤维纺成线，织成布。以这种方式织成的自制亚麻布很重，但非常结实。在显微镜下，你可以很好地观察到亚麻的纤维，它们看起来有点儿像草叶，有小结节。棉花纤维在现代尘絮中无处不在，但在毕德麦雅时期的尘絮中很少出现，棉花的纤维在显微镜下看起来完全不同。它类似于非常非常细长的、螺旋状扭曲的、枯萎的小叶子，从观察到的形状推测，棉花纤维可能也是从叶子发展而来的。事实上，这些棉花纤维主要目的是便于飘浮到空中，它非常的细长，就像我们见过的蒲公英种子或杨树种子一样。它们挂在棉花种子上，这样就能更容易地带着种子被风吹走。因此，用棉花生产的织物非常轻，而用亚麻制成的纺织物很重，但也更结实，因为亚麻不作为种子飘浮的辅助工具，而是位于植物的根茎上提供稳定性。然而，棉花的进口价格低廉，可以在新兴的纺织厂里用机器加工、染色和印花，所以棉花织物迅速流行起来。工厂生产的棉花纺织物不像自制的亚麻纺织物那样耐用，但它们时尚便宜，年轻女孩也不必再在晚上用纺车纺织亚麻。棉花纤维最初只是欧洲地区尘絮组成部分的一个边缘角色，但慢慢在19世纪，棉花纤维取代了亚麻和羊毛成为尘絮的主要成分。之后，棉花纤维在全世界的尘絮中占据了一百多年的主导地位，然后慢慢地被取代。

现代的聚酯纤维尘絮

在观看了毕德麦雅时期尘絮之后，我们现在再来看看现代主义的大厅。这里存放着各种形状和颜色的尘絮，还有有毒的尘絮、无害的尘絮。每一个现代尘絮都有自己的陈列柜。

如果你凑近看，就会发现这堆尘絮是国际化的：里面的纤维来自遥远的地方。它还是人工合成的：包含很多五颜六色的人工合成纤维。如今，合成纤维在我们的针织品中占了很大比例。虽然棉花仍在大规模种植和加工，世界上约有 2.5% 的可耕地用于种植棉花，约有 10% 的农药产量最终用于棉田。然而，在针织品中占主导地位的是那些通过石油加工出来的纤维，它们正越来越多地取代天然纤维。近几十年来，在几乎所有欧洲中部家庭的尘絮中，合成纤维和塑料微粒的比例都急剧增加。尘絮中棉花或羊毛的占比已经非常小了。正如前文所说，现如今的尘絮更应该被称为聚酯尘絮，因为聚酯是常用于纺织物的材料，还有聚酰胺纤维和各种类型的合成橡胶。这些材料的使用是为了使纺织物更好地保持其形状，更容易护理，更有弹性，等等。这些成分不仅在我们家里地上的尘絮中有，还会混入飘浮在空气中的尘埃。事实上，塑料微粒进入我们身体最常见的途径就是混入家里漂浮的尘埃然后被人体吸入。但人们对其可能有的健康危害还没有了解。另外，这种聚酯尘絮无法继续分解，这是跟由棉花或羊毛组成的自然尘絮相比一个很大的不同点。

"肖迪"（Shoddy）：巨型尘絮

当我们参观完想象中的尘絮博物馆，来到出口时，你会被出口处一堆灰灰的、还带有绿色和其他颜色的彩色土堆所吸引，这上面覆盖着苔藓和其他植物，这就是"肖迪"巨型尘絮：一个特殊的生态系统。这个土堆最初是在英国利兹市，一个田地边上，土堆上长满了植被，无人问津。"肖迪"巨型尘絮是由羊毛生产的废料组成的，这些废料经过粉碎，形成了所谓的魔鬼尘土（Devil's Dust）。除了将其作为肥料撒在田地上之外，没有找到解决这种废料的方法。但是"肖迪"逃脱了这一命运，到达了斯普利河（Spree）岸边，很快第一批植物就在它身上发芽了。旧的种子仍然隐藏在它的纤维中，被羊毛缠住，但也有飞到它身上的种子，享受着毛茸茸、营养丰富的基质。"肖迪"巨型尘絮证明了，如果有足够的水分，尘絮就能够成为一个生物圈。

SHODDY,
DIE RIESENWOLLMAUS

"肖迪" 巨型尘絮

　　许多植物喜欢捕获尘埃，这也是城市中尘埃减少的途径之一。有些灰尘被扫除，一些被冲走，但有一些是被植物抓取并利用。这些植物不仅是纯粹的被动的尘埃捕捉者，更是彻头彻尾的尘埃爱好者，它们积极利用和摄取大大小小的尘埃。其中苔藓是这类植物中最重要的一种，它们看起来不显眼，也很弱小，既没有根茎，也没有漂亮的花，然而它们却很好地生存着，一直繁衍至今：现如今已知的苔藓已有4500万年历史。它们以空气为食，只需要一个基台，不需要真正的土壤，就能生存下去。苔藓的养料大部分是由细小的尘埃组成的，苔藓自己捕捉养料，一部分用于吸收促进生长，一部分则沉降下来，用于稳定苔藓垫。如果你在城市里翻开一个苔藓垫，就会发现苔藓下的秘密，在下面，你会发现沙粒、小块的塑料，还会有头发、纤维。通过苔藓和其他植物，尘埃最终成为土壤，也许不是最好的土壤，因为城市空气中含有许多有害物质，但终究是土壤。家里的尘埃被清除，城市里的尘埃又回归大自然。

城市空气

尘絮和可吸入颗粒物与人类的行为息息相关。它们的存在区分着人类与动物。尘絮的产生，来源于人们生产和使用的纺织物，比如穿的衣服、戴的围巾等。城市的可吸入颗粒物主要来源于人类制造的火，现在人类制造的火要远比之前更多，却更隐蔽。

在现代世界中，火仍然是人类改变环境和推进技术发展最重要的工具。自尼安德特人时代以来，火的属性依旧没有改变，仍然会产生二氧化碳和颗粒物，即使我们的技术有所发展，改进了火的利用工艺，使它不再像以前那样野蛮地冒烟和发臭。燃烧产生的可吸入颗粒物最终会慢慢下沉，很少会在全球范围内飘荡。

但用火而产出的二氧化碳不仅会在起源地比如工业区和大城市中高度集中，还会迅速地进入全球大气中扩散。近年来，地球大气中二氧化碳的浓度越来越高，我们可以发现，现代社会使用的火越来越多，而不是越来越少，因为绝大部分二氧化碳都是在燃烧过程中产生的，它是火的废料。2018年，全世界90%以上的能源生产来自燃烧过程。

当然，我们已经严令禁止在家里生火，至少在欧洲中部是如此规定的。因为燃烧产生的烟雾会伤害眼睛，导致各种疾病，更不用说明火所带来的危险。在德国，火通常在地窖里、供暖厂里、发动机里封闭地燃烧，产生的烟雾并不像尼安德特人时代那么臭，当时尼安德特人主要使用动物骨头进行燃烧，所以会散发浓重的臭味。但即使是我们以石油、汽油或天然气为燃料制造出的更高级的火，它也有排泄物，即可吸入颗粒物和二氧化碳，这在冬天尤其明显。在不同的天气情况下，这些气体、颗粒物与来自烟囱、发动机、工业生产产出的烟雾混合在一起，形成各种有毒混合物。

在新冠疫情大流行期间，城市空气中可吸入颗粒物的变化也非常大：它急剧减少。首先，疫情期间，大多数人都被封锁在家，乘坐汽车的人少了，运行的机器也少了。这在许多地方引起了有趣的现象。

例如，2020 年 4 月，距离喜马拉雅山脉约两百千米的印度北部贾朗达尔镇（Jalandhar）的人们有生以来第一次看到喜马拉雅山脉的雪峰，我们知道，喜马拉雅山不是一个小的山脉，也离这个小镇不远。

雾霾下

城市经常被比作石头沙漠，表面上看，这种比喻似乎是准确的。你所看到的每一个地方都有墙，大地被石板封住、铺设或涂上柏油。许多原本生活在山区或悬崖上的动物，现在都生活在城市里。例如，常见的家鸽是原鸽（Columba livia）的后裔，如今的原鸽仍然在地中海地区的悬崖上繁衍。普通楼燕原本生活在悬崖边，现如今也适应了城市的生活。

城市中的植物群跟岩石或沙漠中的植物群也很像，在石子路上常常会发现很多耐热和耐旱的植物品种，在炎热的夏天，这种石子路面很容易达到 50 摄氏度甚至更高。

然而，将城市比作石头沙漠依旧有些不恰当的地方。虽然城市跟沙漠一样，在白天升温很快，但到了晚上，两地的情况就大大不同了。城市中的热量往往滞留在其中，而沙漠中的热量很快通过空气散发出去，温度降到极低。

在沙漠中，你常常能看到美丽的星空，因为那里的空气非常干净。这与城市也有很大不同，在城市里，你很少能够看到星星。任何对天文学感兴趣的人都必须离开人口稠密的地方去观测天空。

这就是为什么城市气候学的创始人、在巴伐利亚州南部一个安静的修道院——艾塔尔修道院（Abtei Ettal）工作的本笃会修士阿尔伯特·克拉泽（Albert Kratzer）在他的博士论文中提出了一个全新的、令人惊讶的比喻："大城市的工业、炉火和交通日复一日地产生和运输大量的气体、液体和固体物质到空气中。气体、尘埃和灰烬不断地从那里升起，就像一座火山一样。任何一个经常从郊区到市中心的人都会注意到城市和农村的气候有什么不同。……城市越大，人口越密集，它的雾霾就越厚。"

城市是火山？这乍听起来很奇怪，因为在城市里，你不会觉得地面会突然裂开，岩浆会迸发出来。但仔细想想，城市的确与火山有相似之处，它们都会冒烟，像鲁尔区的盖尔森基兴（Gelsenkirchen）这样的工业城市被称为"千火之城"，这个称号毫无夸张之处。离盖尔森基兴不远的莱茵河畔的科隆（Köln am Rhein），矗立着科隆大教堂（Kölner Dom），诗人海因里希·海涅（Heinrich Heine）出生于杜塞尔多夫（Düsseldorf），他认为科隆大教堂"黑得像魔鬼"。外国游客来到这儿，如果问当地人为什么科隆大教堂这么黑，当地人有一套自己的理论。有些人认为是宗教原因，还有人认为科隆大教堂是由玄武岩等黑色石头建造而成的，但事实上科隆大教堂是由浅色砂岩建造的。在1880年落成时，大教堂的正面光芒四射，正如绘画和照片所显示的那样辉煌耀眼。还有人认为科隆大教堂曾经被烧过，这个理论离真相不远了。虽然科隆大教堂从未燃烧过，但它下面的确在日复一日地燃烧。科隆大教堂的脚下是火车站，火车站里的火车并不全是由电力驱动内燃机的雪白外表的高铁，也有通过燃烧大量煤炭的突突冒烟的蒸汽火车。直到20世纪60年代，这些突突冒烟的蒸汽火车才停止运行，就像许多冒烟的工厂不再在科隆市中心生产一样。但现在仍有数以百万计的车辆在科隆市中心行驶，虽然相比工厂，汽车排放的尘埃数量没有那么多，但仍会造成空气污染。

这些浓浓烟雾熏黑了科隆大教堂。烟雾呈钟形，飘荡在城市的上空，随着风的变化而变化，就像火山喷出的浓烟从来不会直直升起一样。德国所处的纬度，风经常来自西方或西北，所以城市污浊的空气和灰尘常常被风吹向东方。相应地，较差的住宅区多位于这一地区，而别墅则分布在西部，那里的空气较好。科隆就是个很好的例子，昂贵的住宅区林登塔尔区（Köln-Lindenthal）就位于城市的西部。

城市就像火山一样，这个比喻的确很恰当，因为火山会喷出大量的有毒气体和颗粒，在城市的空气中，除了能够发现细小的颗粒外，也能够发现有毒的液体，如硝酸或亚硝酸，还有亚硫酸，而这两种物质通常也存在于火山中。

证明城市与火山非常相似的另一个论据就是城市在夜间也是明亮的。我们从飞机上看到，城市总是在发光发热。即使在古代，城市在夜里也不是黑暗的。城市被火把照亮，后来又被煤气灯照亮。城市总是比周围的地区更温暖。火山并不是到处都在排放烟雾和气体，这与城市也非常相似，因为城市也是某些角落和地点烟雾集聚得特别多，这也被称为热点，这些热点通常是繁忙的街道，特别是那些被高楼大厦包围的街道，这里的烟雾无法逃脱。

火山活动非常不规则，难以预测，但人们却能预测城市中烟雾产生的时间和地点，因为烟雾的产生往往取决于当地的人类活动和燃烧活动。"城市火山"有固定的时间表，它们从周一早上开始，然后逐渐增加。尘埃的产生不仅显示出特定的昼夜规律，还有每周的节奏。空气中尘埃最少的时候通常在周日，这段时间人们不工作，在家休息。你可以从我办公室里挂着的一组圆形粉尘样本中很好地观察到这一点，这些样本来自我们的测量仪器。它是一个灰色阴影的集合，这些样本通常在周中会更黑，尤其是在周三，然后在周六和周日颜色变浅。到了周一，它又开始变黑……

空气中的尘埃浓度在一年中也有特定的曲线规律，在冬季，特别是一月份，空气中的尘埃浓度急剧升高，至少在欧洲中部是如此。如专业书刊所说的，这是由于供暖使得空气中的尘埃浓度上升。一月份非常冷，尘埃无法被吹走，只能沉淀在城市中，慢慢积累起来。车窗玻璃、家里的玻璃也开始积起污垢。在城市里，往往不会像农村那样下大雨，而是淅淅沥沥地下些小雨，细小的粉状雪也更为常见。气象学家提到的工业

【尘埃】
爱恨交织的微观世界

雪（Industrieschnee），常形成于空气中存在大量细小尘埃的地方，当水汽遇到细小尘埃慢慢凝结成小雨滴或者小雪花，但无法变成更大的雨滴或者雪花。

可吸入颗粒物的历史

可吸入颗粒物的历史主要是一部火的历史。自从驯服了火，人类逐渐与其他动物区分开来。自从开始使用火，人类就一直与火的灰烬、烟雾和其废料生活在一起。人们一直在试图利用火，利用它的温暖、光和转化能力，同时提升技术来控制火的风险和烟雾。

正如我们现在所知，穴居人已经有了减少烟雾的好办法，计算机模拟显示，他们将烧火的地方安排在山洞里烟雾最好排出的地方。罗马人会使用露天火盆烧煤取暖，他们还使用过地暖。直到中世纪，烟囱才被发明出来，建造得当的烟囱，就能将烟雾排到室外。

随着工业化和随后的机械化，许多城市被笼罩在雾霾下，有时候甚至阳光都无法穿透。这都是因为随着时间的推移人们越来越多地学会了使用火的技术。起初，人们使用火来准备食物、照亮和温暖居住的地方。后来人们学会了使用火制造有用的材料，比如钢铁、玻璃、水泥。人们对火的利用在工业时代达到了顶峰，新发明的蒸汽机和内燃机找到了利用火的力量进行工作的具体方法。相应地，现代工业社会的燃烧量远远超过以前所有社会的燃烧量总和。人们不再仅仅燃烧来自森林的木材，木材已经不能满足人类的需求，人类开发了越来越多的燃料，如褐煤、石炭等化石燃料，它们是由过去的动植物埋在地下经过很长时间以后形成的。尽管人类在使用这些燃料的同时，也采取了许多措施，但空气中的可吸入颗粒物含量依旧居高不下。

大量的可吸入颗粒物会导致呼吸道疾病和眼部疾病，还会引起炎症，随后可能导致心血管疾病和神经退行性疾病，如痴呆症和阿尔茨海默病。含有大量可吸入颗粒物的空气有利于传染病的快速传播，因为可吸入颗粒物会使太阳的紫外线变暗，而紫外线会削弱、杀死病毒和细菌。此外，还会引发那些由于缺乏阳光而导致的疾病，如佝偻病，一种由于缺乏维生素D而导致的令人痛苦的骨骼疾病。维生素D是由我们的皮肤合成的，但只有当明亮的阳光照射在皮肤上时才会合成。

在鲁尔区，铁矿石的冶炼和当地的钢铁加工业大大增加了空气中的尘埃含量，许多儿童都因此患上了佝偻病，不管他们是居住在工人宿舍还是在别墅区。因为雾霾掩盖了整个城市，它无处不在，阳光无法投射进来。

可吸入颗粒物不仅对于人类有害，对于植物也非常不利。在空气污染严重的城市中很少能够看到菩提树，这不是巧合。菩提树过去常常位于村庄中心，是备受赞誉的聚会地点，它对空气污染的容忍度特别低。恶劣的空气也影响到了许多动物，有些动物因此离开了城市去寻找更安静、更干净的环境，但也有些动物充分利用了这一点，例如桦尺蛾：这种通常颜色较浅的毛虫在曼彻斯特等英国工业城市发展出一种深色的形态，用来适应当地雾霾严重的环境。

幸运的是，由于统一的环境立法，欧洲中部的城市空气质量在最近几十年里得到了全面改善。例如，1995 年，德国公民仍然排放 34.6 万吨可吸入颗粒物（PM_{10}），到 2019 年，这个数据只有约 20.4 万吨。

取得这些成就，不单单是靠环境政策，还得益于波士顿哈佛大学的一位研究人员，一位名叫道格拉斯·道克瑞（Douglas Dockery）的友善的老先生。几年前，为了准备在奥格斯堡大学医学院建立有关环境与健康的重点研究中心，我们和校长一起拜访了他。他在走廊里给我们看了一张大的世界地图，上面到处都是小的彩色图钉。在各大洲，在世界许多大城市中，都有一两颗这样的图钉。这些图钉代表着这位伟大学者的学生。

道格拉斯·道克瑞教授有许多研究环境与健康的同事和学生，当我们建议，哈佛大学的年轻研究人员有朝一日可以来奥格斯堡时，他有些生气，他更愿意把优秀人才留在身边。

道格拉斯·道克瑞教授有权利傲慢，因为他和他的学生完成了一项科学壮举，为健康领域做出了巨大的贡献。他们的成就并不在于他们发现了新的治疗方法，而是告诉我们应采取何种措施降低人类生病的频率和程度。一个城市的死亡率与空气中的可吸入颗粒物数量明显相关。可吸入颗粒物，这里指的是 $PM_{2.5}$。$PM_{2.5}$能够深入人的肺部，引起肺部炎症。他们对美国六个城市的居民健康、死亡率与可吸入颗粒物的关系进行了研究，涉及 8000 多人。结果显示：可吸入颗粒物越多，死亡率就越高，特别是在 65 岁以上的老年人群体中。顺便一提，当时污染最严重的城市是名字中带有灰尘的城市：斯托本维尔（Steubenville^①）。反过来说，这意味着：空气中的可吸入颗粒物越少，对居民的健康越有益。而最近的一项研究也能够表明，在当时作为研究对象的所有城市中，随着空气质量的慢慢改善，居民的死亡率也在降低。

事实上，新颁布的与环境有关的法规都起源于道格拉斯·道克瑞教授在 1993 年发表的研究，或者或多或少都受此研究影响。美国最高法院决定，人们拥有要求在空气中减少可吸入颗粒物的权利。显然道格拉斯·道克瑞教授在汽车行业得罪了不少人，但是他和他的学生为美国、德国以及其他国家人们的寿命延长做出了贡献，至少能够让人们多活一两年。在过去的 30 年里，人们的寿命再次大幅提高。1988 年，德国男性的平均寿命是 72.2 岁。30 年后，2018 年，它已经上升到 78.6 岁。对于女性来说，1988 年是 76.2 岁，2018 年延长到 83.4 岁。由于新冠疫情暴发，德国人的寿命没有像前几年那样继续延长，但到目前为止也没有缩短。

如果你意识到空气是我们人类最重要的食物，就

---

① 这个城市英文名的前半部分与德语中的尘埃非常相近，德语的尘埃为 Staub。——译者注

不难理解空气质量与寿命的关系了。我们每天摄入的物质中，空气占比最大，大约 13 立方米，相当于 13 000 个牛奶瓶。

平均寿命的延长是所有改善空气质量措施的积极效果之一，只是冰山一角。如果空气中的可吸入颗粒物含量降低，树木也会重焕新机，建筑物的污染也会减少，生病的人也会减少，哮喘病人和其他肺部疾病的患者的症状也会慢慢减轻。在德国，海因茨·埃里希·维希曼（Heinz-Erich Wichmann）和安妮特·彼得斯（Annette Peters）等人致力于降低空气中的可吸入颗粒物，他们都受到了道克瑞教授的影响。

现在德国的空气越来越干净，其他国家的空气质量现在又是怎么样呢？如今已有超过一半的人口生活在城市中，很快这个数量就会超过三分之二。等待他们的又是什么样的空气？在很多大城市，空气中的可吸入颗粒物含量超过了所有欧洲国家规定的可吸入颗粒物含量。虽然德国空气质量并不是最优的，但空气污染已经被治理得越来越少，然而在许多大城市，空气中的可吸入颗粒物含量非常高，有可能在白天人们都无法看到太阳。

德国工业区可吸入颗粒物正逐渐消失，其他地方的可吸入颗粒物却越来越多，这之间的联系绝不是一个自然的历史过程，而是证明了下列事实：我们将生产制造线搬到了其他环境规定没有那么严格的地方，但随之我们也将可吸入颗粒物出口到了相应的地方。

举个例子：养孩子的人都会察觉到，现在小家伙们简直被各种礼物包围了，特别是在小孩子的生日聚会上，不仅孩子收到了很多礼物，有很多在座的宾客也会收到小礼物。应该反对这些吗？大家收到的礼物这么有趣、好玩，比过去的礼物都更加高级，比如玩具汽车不仅仅能够在地上跑，还能够发出各种声音，儿童书籍不仅仅有图画和文字，还能够唱歌和发出声音。这些礼物质量越来越好，价格却没有那么高，所以大家也都愿意买礼物送人。

如果我们仔细看看这些高科技小产品的背后，你会发现生产地通常都不在德国。现在德国市面上的儿童玩具，大部分都来自其他地方，因为在这些地方生产的成本非常低。生产这些高科技小玩具的过程并不是那么有趣，会产生很多废料、废气、废水，这一切没有被排放在德国，污染德国当地的居民和孩子，却污染了其他地方的居民和孩子。

现在，世界上很多人呼吸的空气都跟吸烟者呼吸的差不多，所以他们也采取了治理空气污染的措施。人们不仅认识到，而且在政治上也承认，环境因素中空气质量的好坏对于人类的寿命有着关键性的影响。

有一个简单的方法可以使人更健康长寿：将居住地方的空气中的可吸入颗粒物降低。根据统计，每立方米降低 10 微克的可吸入颗粒物，居住者的寿命就会增加 7.2 个月。这就是为什么为改善城市的空气质量而努力是有意义的。在欧洲，这里的空气质量也仍然有"改善的空间"。

缤纷与阴郁：自然界中的
尘埃和有关尘埃的一切

对许多人来说，每小时吸入几百万个微小的尘埃颗粒是非常糟糕的体验。一个完全纯净、透明的空气，没有尘埃、没有微小颗粒物、没有碎屑残骸、没有排泄废气，这样的空气难道不是更好、更有益吗？

有这样的想法完全可以理解。人们从空气质量较差的城市中逃到空气质量比较好的山里，有过敏或肺部疾病的人在这里症状会得到缓解，因为在山里，空气要干净得多，在海拔 1500 米以上的地方，甚至连尘螨都没有了。

但尘埃不仅仅只是个令人讨厌的东西，只有负面作用，只是个文明的副产品，它还是大自然界伟大循环中非常重要的一部分，当然尘埃是在一定的数量范围内，不能过多。一个完全没有尘埃的世界也不会好到哪里去。

以尘埃的形式，物质可以移动起来，否则大部分物质就会被困在自己的地方。通过尘埃，距离较远的生态系统也能够相互流通。尘埃是大自然克服边界的技巧之一。尘埃使僵硬的东西流动起来，使长距离变短，它像一个魔术师一样，越过了常规。尘埃的正面作用，我们远远还没有认识到。

巨大的尘埃

如果没有尘埃，以水蒸气形态在空气中存在的水分就很难再次变成液体，滋润大地。因为水蒸气遇到空气中的细小尘埃颗粒，会在其周围凝结形成水，如果有大量的尘埃颗粒，此时就会形成雨，所以在城市中降雨的频率比农村更高。如果完全没有尘埃颗粒，云就很难形成，水蒸气只能遇到高山时，在其岩石周围凝结，并以洪水的形式，向我们涌来。

如果没有尘埃，阳光不再五彩缤纷、变化无穷，不再会有雾霭、云层遮挡阳光，光线就会残酷地、直直地照向我们。太阳将成为一个诅咒。日落的色彩、晨曦的颜色都会消失，落日余晖也不再会有，往常蓝蓝的天空会呈现一片黑色。人们不得不时时刻刻通过时钟区分白天还是夜晚，而无法通过天色分辨。这是一个没有尘埃的世界，太阳会像往常一样来来去去，只是缺乏了色彩，变得单调，光线也更加强烈。朝北的房间更暗了，一丝照亮它的光线都没有了。

远方的雾霭消失了，云彩和与之相关的氛围都不复存在，比如说秋天的缥缈气氛。更糟的是，不仅秋天的雾气不见了，收成也不再有了，麦穗、苹果、葡萄，不再会结出一颗颗果实。因为没有尘埃，也就没有花粉，植物就无法再结出果实。

尘埃的确有害健康，但对于大自然来说，却是不可或缺的。大自然巧妙地利用了尘埃的高流动性，尘埃遍布世界的每一个角落，任何遥远或隐蔽的地方都没有放过，大自然充分利用了这一点。

让我们来看看大自然中的尘埃。地球上的尘埃到底从哪里来，数量有多少？没有人知道答案，曾经有人推测过地球上尘埃的数量，但推测只是基于各种估算的方法，并没有实际勘测，推测出来的数量与实际数量有非常大的差异。

在所有的推算中，虽然推算的总量各不相同，但都有一个惊人的发现！我们星球上的大部分尘埃不是由人类产生的，而是由海洋产生的。这也合乎逻辑，因为海洋的覆盖面积最大，地球表面71%的面积被海洋覆盖。但海洋是湿的，它怎么可能产生尘埃？原因在于海洋在不断的运动，海洋形成波浪，而波浪形成水雾，这样，大量的细小水汽不断进入大气层，然后干燥形成小的海盐颗粒。这也属于尘埃！

每年大气层中运动的尘埃大约有120亿吨，正如刚刚说到的，海洋贡献的尘埃占比最大，大约100亿吨，排在其后的是沙漠和其他干燥的地方，每年产生15亿吨尘埃。

火灾、工业、交通和无数其他人类活动产生了大约3亿吨的尘埃。森林火灾也产生了大量的烟雾和烟尘，但产生的数量要少得多，大约有8800万吨。森林火灾的一大部分原因归因于人类活动，很多森林火灾都是人类制造的，目的是毁坏森林，获得牧场或可耕地。

然后是生物尘埃，就是生物产生的尘埃，属于非人类制造的。最后是那些小到属于尘埃的生物，比如植

「尘埃」 爱恨交织的微观世界

物的花粉，其数量约为 6600 万吨，真菌也属于这类生物。真菌的尘埃，如蕨类和苔藓的尘埃，被称为孢子（德语为 Sporen），它来自希腊语的 sporá，意思是胚芽。孢子实际上是真菌的种子，当孢子遇到合适的地方时，

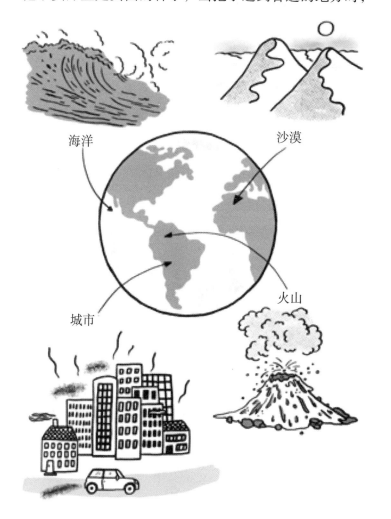

海洋

沙漠

城市

火山

它就会生长，变成真菌。

这不禁让人想起了名为网纹马勃属[①]的真菌，这种真菌人们一摸它，它就会飘出一阵细小的尘雾。很多蘑菇和牛肝菌也会飘散出很多尘埃，它们用菌伞遮挡着雨水，然后将孢子通过菌褶和一些小管道挥洒到风中。

如果把一个菌盖放在黑暗的地方一晚上，你就会观察到上述情况。即使是非常微小的真菌，例如霉菌，也会产生孢子，它们通过孢子进行传播。细菌、微生物和病毒也属于生物尘埃，例如新冠病毒，我们现在都知道，这是一种通过空气传播、以病毒性液体飞沫形式传染的疾病。

从最小的尘埃产生源到最大的尘埃产生源：火山爆发是最壮观的尘埃产生现象，但其产生的尘埃在陆地尘埃中也只占一小部分，约每年 3300 万吨，这大约是人类产生的尘埃数量的十分之一！我们后面将了解到，一次重大的火山爆发会造成很多混乱。最后一定要提到的是：地球上的尘埃不仅仅来自地球本身，还

---

① 伞菌科的一属真菌，其德语名为 Stäublinge，与德语的尘埃 Staub 相近。——译者注

有来自宇宙中的。常常会有一撮宇宙尘埃，从外太空降下，像偷渡者一样，它与地球上的尘埃混合。来自宇宙的尘埃数量并不多，大约每年 1 万吨（用现在的衡量标准，大约 0.01 百万吨）。这些尘埃非常有趣，它诉说了一些关于太阳系早期历史的信息。天体物理学家托马斯·斯蒂芬（Thomas Stephan）现在在芝加哥从事研究工作，他曾经给我看了一张宇宙尘埃粒子的显微图像。这些宇宙尘埃粒子的直径约为 10 微米，看起来像一个微小的、古老的面包屑。

它微小而不显眼，在漫长的太空旅行中以为无人打扰，但实际情况却恰恰相反。斯蒂芬解释："有 11 位来自德国、美国和日本的科学家一直致力于研究这堆宇宙尘埃。"人们大约用了 7 种不同的分析方法来了解这个肉眼无法直接看见的微粒。现代科学中有一句谚语叫作：越少的东西却包含越多（More and more about less and less）。在这里，这句话得到了具体的体现。对这些微小的尘埃感兴趣并不单单只是出于喜好，科学家研究它，是因为尘埃往往是最后的见证。所有伟大的事物都消失了，所有的纪念碑都坍塌了，尘埃仍然存在。而每一粒尘埃，无论大小，都与周围相连，讲述着一个个动人的故事。不仅是宇宙尘埃如此，花粉也是，撒哈拉沙漠中的沙砾也是，生物尘埃也是，海洋中的尘埃也是……

海洋

在德国巴伐利亚州的传统服装中，女性有一条特别的项链，叫作颈链。

这是一种戴在脖子上的带子，有布做成的，也有银做成的。这种在商店叫作"颈链"的装饰品，看不出来有什么跟海与尘埃有关系的地方。毕竟，德国南部的山民生活在离海很远的地方。而这恰恰是其关联点。

很久以前，特别是在山区，有一种疾病叫作甲状腺肿大，如今已经变得非常罕见。得了这种疾病，人们脖子上的甲状腺会变得肿大。有的时候，甚至可以变得跟头一样大。人们没有办法掩饰这种病，它不仅让人变得丑陋，还会造成很多痛苦，使人难以吞咽和呼吸，还有可能导致血液淤积。在早期，甲状腺肿大通常要进行手术，手术后常常会在在脖子上留下疤痕。而为了掩盖这些疤痕，就有了颈链。

甲状腺肿大已经让人非常痛苦了，但更严重的是，患有甲状腺肿大的父母生下来的孩子很可能会患先天性碘缺乏症候群，这会严重阻碍新生儿的身体和精神发育，且这种负面影响不可逆转。

甲状腺肿大由来已久，早期的云游郎中注意到这种疾病只在特定的地区发生，尤其是在山区。例如，瑞士曾经被认为是典型的"甲状腺肿大大国"，甲状腺肿大和先天性碘缺乏症候群在瓦莱州（Wallis）大圣伯纳德山口一带（Großen Sankt Bernhard）最为普遍，几乎无人幸免。很长一段时间，人们都不知道这种疾病的缘由。

但众所周知的是，住在海边的人不会患上甲状腺肿大。例如，在英国，甲状腺肿大疾病在靠近大海的地区非常罕见，但在英格兰中部却很普遍。大海中常见的海绵动物，被认为是一种有效的补救措施。人们将海绵动物放在额头上，或者食入烧焦的海绵动物都会有疗效。后面，还发明了海球来治疗甲状腺肿大，它是由海藻的残骸和一般的海肠组成的，就像是海洋里的尘絮，被浪打到海岸边。人们还称之为"海底团团药"（bala marinae）。

甲状腺肿大不仅在欧洲出现，在南美洲也有。探险家亚历山大·冯·洪堡（Alexander von Humboldt）在前往南美洲的旅途中发现，这种疾病也发生在"新世界"。他记录道，这里的甲状腺肿大也分布不均，在哥伦比亚的低地，这种疾病鲜为人知，而在高地，它却很普遍。在洪堡的报告中甚至记录着这样一件事，他的一个骡夫也患有甲状腺肿大，他的同事告诉他，一旦骡夫下到山谷里，甲状腺肿大就会消失。事实上，亚历山大·冯·洪堡也观察到了，一旦达到谷底，甲状腺肿大患者就会减少。美国也有类似的情况，在落基山地区远离大海的地方，甲状腺肿大非常普遍，跟其他内陆地区一样。

直到 1811 年，在拿破仑战争期间，人们才发现了甲状腺肿大和先天性碘缺乏症候群的原因。当时，伯纳德·库尔图瓦（Bernard Courtois）住在巴黎，以生产硝石为生。硝石是火药的主要成分，是由某些类型的土和植物灰制成。这一年，拿破仑正在准备俄罗斯战役，需要大量的火药，因此也需要相应数量的硝石。于是，伯纳德·库尔图瓦就用海藻灰代替了稀缺的植物灰用于火药生产。他从诺曼底大区（Normandie）的海里收集海藻，并通过这些海藻制成海藻灰。当库尔图瓦用浓硫酸加热这种灰烬时，他看到了一种紫色的蒸汽，在加热过程中，这种紫色蒸汽以黑色晶体的形式沉积在容器的上部。起初，他没有将这个发现告诉任何人，并继续对这种新物质进行实验，后来库尔图瓦告诉了一些化学家，这些化学家意识到这种物质是一种新元素，并将其命名为碘。虽然巴黎对硝石的需求很快就达到了顶峰，俄国战役的灾难预示着法国对欧洲统治的结束，但库尔图瓦认识到新发现的元素所提供的机会，成为第一个高纯度碘的制造商，这种物质在医学上的许多用途很快就被开发出来。

碘开始被用于伤口治疗，很快也被尝试用于甲状腺肿大的治疗，并取得了成功。但距离人们清晰地了解到甲状腺肿大的原因就是缺乏碘还有很长的路要走。只有当绘制出甲状腺肿大分布的精确地图时，人们才发现往往是那些居住在远离海洋的山区的人才会患有这种疾病。

今天我们已经知道，海边的空气和鱼类等海产品中含有碘。碘是由许多微小的海洋生物积累、富集而成的，并通过海浪进入空气中。因此，如果你呼吸的是海边的空气，你就不必担心甲状腺肿大。

碘缺乏导致甲状腺无法继续工作，这个位于喉部的蝴蝶状器官会产生一种甲状腺素的激素，这类成分中含有碘。如果缺碘，甲状腺激素就会缺失，身体的许多代谢和生长等重要过程就会混乱。此外，甲状腺肿大会导致吞咽困难并压破喉咙。孕妇很容易缺碘，如果缺碘的话，胎儿就会受到影响，常常出现智力障碍，即患有先天性碘缺乏症候群。

碘的发现为通过药物治疗碘缺乏症提供了可能性：碘制剂，其中包括甲状腺素，至今仍是德国、美国和其他国家最畅销的制剂之一。

海洋对空气的影响以及由此产生的免费的碘供应不仅包含了沿海地区，还包括了向内陆地区延伸约100千米的区域。相比之下，特别是在内陆深处的地区以及高山地带，非常缺乏碘。人们很轻易就想到了通过在动物及人们食用的盐中增加碘来预防甲状腺肿大。事实上，早在19世纪初，在发现碘之后不久就有人提出了这个想法。但是，一个非常有逻辑性的想法往往要通过很长很长一段时间才能被大众接受。在医学上，通常是医生和药剂师致力于治疗疾病，而预防疾病这件事，没有医生、药剂师能够从中获利。此外，许多人都对化学药剂有抗拒，他们只有在迫不得已的情况下才会服用，而不是自愿服用来预防某种疾病，这也使得碘盐的落实推迟了很长时间。诚然，用鳟鱼进行的动物实验已经清楚地表明，当在水中加入最低限度的碘时，甲状腺肿大就会消失，但这又能说明什么呢？毕竟，人不是鱼，他们说。

人们又是如何知道盐中添加的碘并不危险呢？直到1924年，加碘食盐才首次在瑞士的阿彭策尔州（Appenzell）出售。这一举措是科学知识在实际生活中最有益的应用之一。今天，甲状腺肿大在瑞士已经非常罕见。

在其他地方，例如在中亚，甚至在中非，甲状腺肿大和先天性碘缺乏症候群即使在今天也没有消失，甚至是非常严重的常见疾病。

不仅是海中的碘使海风如此健康，盐本身也有治疗作用。它对许多肺部疾病都有积极疗效，盐能够使黏液流动，也使病毒细菌难以生存。德国的肺病诊所通常位于海边，这并非巧合，因为除了有益的海风，这里的污染物和过敏原也较少。如果空气来自大海，它会含有很少的植物花粉，没有或很少有烟尘。这样的空气对于受到城市空气污染的呼吸器官来说，起到了非常好的舒缓作用。海的气溶胶，也就是海边这些空气含有的细小微粒对人类身体健康有益，这是个尘埃对于人类身体健康有积极作用的例子。它具有治疗作用。然而，最新的研究结果表明，某些化学物质现在也在海洋中积累，就像其他地方一样，特别是那些由于其化学结构而特别不容易分解的物质，如含氟表面活性剂。越来越多的塑料颗粒出现在海洋中，并且这些微小颗粒进入海盐中，从而进入了食物链。目前这些物质的浓度很低，可能出现的健康问题还未被发现。但这再次表明，废物从视线中移走后并没有被处理掉。它通过尘埃回到了我们身边。

撒哈拉沙漠的尘埃

就在我开始写自然界中的尘埃的章节的那天，撒哈拉沙漠给巴伐利亚州送来了一片巨大的尘埃云。

漫天黄沙，阳光都被衬得透出淡淡的绿色。汽车上有一层细小的沙尘颗粒。我的同事西蒙·迈斯纳（Simon Meißner）知道我很喜欢灰尘，于是他用一个刚刚清洁干净的金属片采集了一些落下的灰尘，并装进了一个小瓶子里。现在这个瓶子摆在我的书桌上。这个瓶子里大概装了两到三茶匙的尘埃，而这些灰尘来自面积仅有 1 平方米的地面上。如果假设落在整个巴伐利亚州的尘埃的分布都是相似的，可以想象，有多少尘埃越过了地中海、越过了阿尔卑斯山脉。

撒哈拉沙尘天气的影响并不总是那么大，但在德国南部发生相对较频繁，尤其是在 3 月和 4 月。因此我们奥格斯堡气溶胶、气候和健康研究小组决定对其进行深入研究。我们的同事哈拉尔德·弗伦切（Harald Flentje）来自德国气象局，他在霍恩派森贝格气象研究所工作，研究所位于阿尔卑斯山前的一座小山上，他自告奋勇地编制了一份撒哈拉沙尘气象日历。撒哈拉沙尘每年都会越过阿尔卑斯山 5 到 15 次。它被强风卷到高海拔地区，穿过地中海、越过阿尔卑斯山脉，最终降落到了德国。就目前所知，撒哈拉沙尘并没有构成重大的健康风险，它很难抵达我们身边，就算抵达了数量也非常少，反而是日常燃烧过程所产生的可吸入颗粒物能够深入我们的肺部，对我们造成伤害。

在西班牙、意大利或希腊等南部国家，撒哈拉沙尘到达的频率要高得多，而且它在空气中停留的时间也更长，浓度也更高。在那里，这种灰尘对患有呼吸道疾病的人的影响也更大。

从全球的角度来看，撒哈拉沙尘有很多益处！虽然它来自"死亡禁区"，但它包含了许多重要的有益成分。每年约有 15 亿吨撒哈拉沙尘进入空气中，被运输到数千米外，到达了遥远的生态系统。

比如对于海洋浮游生物来说，撒哈拉沙尘是它们食物链中非常重要的一部分，无论是在地中海还是大西洋，浮游生物能够在自己所在的区域中获得的营养成分非常少，撒哈拉沙尘正好成为它们的养料。而对于亚马逊雨林，撒哈拉沙尘则是非常重要的土壤补充剂，这片雨林生机勃勃，但土壤储备却非常贫瘠，它所处地域的土壤的大部分已经被几十万年来每天落在地面上的雨水冲刷耗尽了。因此从天而降的撒哈拉沙尘可以补充土壤，派上非常大的用场。

撒哈拉的沙尘中含有钙、镁、铁和磷等重要元素，因为撒哈拉之前并不是一片沙漠。大约 1 万年前，在今天的撒哈拉中部的地方有一片巨大的湖泊，里面生活着各种鱼类和大量的微生物，周围也有许多植物。这片湖泊大约在 6000 年前消失了，其中一部分水蒸发了，还有一部分水渗入地下深层，只留下了曾经生活在这里的动物和植物的残骸。它们慢慢风化成尘埃，被现在的撒哈拉风暴卷入空中，飘向远方，作为肥料抵达了海洋和雨林。

火山灰

我曾在跳蚤市场上的一家古币店里找到了一枚1817 年的纪念币，经过了漫长的讨价还价，那个古怪的卖家终于卖给了我。这枚沉重的纪念币正面刻画着一个苦难的家庭，爸爸正坐在椅子上，孩子则跪坐在一旁，用胳膊紧紧搂着爸爸的腿，旁边的妇女正在哭泣和哀叹，左边的坟墓上升起一个十字架，硬币一圈刻着一行字："苦难如此沉重"。当我把这枚硬币带回家进行分门别类时，我注意到这枚硬币有点儿奇怪，里面好像有什么东西，难道是张藏宝图？

我来回拧动着这枚奇怪的硬币，拧了几圈，硬币就被分开了，中间藏着一张圆形的纸，折页形式的，可以像手风琴一样展开，但它并不是藏宝图，而是漫画，上面画着几幅彩色的戏剧性的画面，主要描绘了饥荒，也描绘了可怕的雷暴和风暴，以及淹没牲畜的洪水。关于 1816 年，有一张图上写道："夏季的冷雨给人们带来了最可怕的事情——庄稼歉收，食物短缺。饥饿的人们堵住了面包师的住所，每一个新的早晨都会新增一声声哀鸣。"硬币上描述着这样的场景：河流泛滥成灾。"成千上万的人双手紧握着，泛滥的洪水冲走了他们的家园和他们所拥有的一切。"暴雨连绵不绝。有一张表标明了当时食物的价格，高得离谱：一桶面粉，大约170千克，够一个人吃一整年的，需要40盾，是以往价格的3倍。而当时很多人一周的收入都不到2盾，很显然，当时的通货膨胀有多可怕，一个普通工人一半的收入都要用在面包上。

这枚硬币被称之为"饥荒塔勒"，它于1817年被铸造，用于纪念1816年的饥荒。这场饥荒在历史上被称为"无夏之年"。当时，欧洲中部的大部分地区经历了一场史无前例的大饥荒，尤其在贫困地区更是雪上加霜。那一年，无休止的寒冷和潮湿导致了一场农业灾难：干草收获时被雨淋湿，谷物运来时也是湿漉漉的，许多谷物在仓库里发霉，更别说葡萄酒的酿造了。直到1817年，人们才真正迎来了一场大丰收，这在那个折页漫画中也有描绘，一位牧师在一辆装满谷穗的马车前高歌："感谢上帝！"这场饥荒，以及后面通过丰收得到的救赎，在这枚硬币上被描绘成上帝的教诲，似乎这样才能使这场灾难更容易被理解一些。

不是每个人都能认同这样的宗教解释，艺术家和诗人以自己的方式记录此次事件。当时只有19岁的玛

"尘埃" 爱恨交织的微观世界

丽·雪莱（Mary Shelley）经历了数周的饥荒阴霾，受此启发，她创作了怪物小说《科学怪人》（*Frankenstein*）。她的朋友，诗人拜伦勋爵（Byron），当时正和他的年轻女友住在日内瓦湖畔的一座城堡里，也写下了对这场末日事件大饥荒的感受。他创作了《黑暗》：

"我曾有个似梦非梦的梦境，

……

冰封的地球盲目转动，在无月的天空下笼罩幽冥，

……

早晨来而复去——白昼却不曾降临。"

在永恒的黑暗中，人们坚持不懈，燃烧他们所拥有的一切，只为获得一点光明和一点温暖。最后，吃人事件爆发了。事实并不似饥荒塔勒上所描绘的那般，并没有上帝来拯救人类，上帝也没有使这场饥荒缓解。相反，人们只能听从命运的摆布，等待着并不一定快乐的结局。这首诗的现代性就在于此，它成为末日文学的起源。1816 年的阴森暮色穿越了几个世纪，仍然照耀着我们的时代，它比以往任何时候都更令人不安地闪耀，影响着许多文学作品和世界末日电影，如《银翼杀手 2049》（*Blade Runner 2049*）或《末路浩劫》（*The Road*）。

造成饥荒的极端天气和昏暗天空是由 1815 年 4 月发生在现印度尼西亚森巴瓦岛上（Sumbawa）的坦博拉火山（Tambora）喷发引起的。在这次地球近代史上最大的火山喷发中，有 150 立方千米的物质被喷射到了平流层。随之而来的海啸夺去了无数人的生命，火山灰云也非常致命，在火山附近，数以万计的人在窒息中痛苦死去。

除此之外，此次火山爆发还造成了破坏性的远距离影响。因为坦博拉火山位于赤道附近，它的火山灰和喷出的气体被吹散到世界各地。在高度稀释的情况下，它们不再直接致命，但却对气候产生了很大的影响。

大量的硫黄尘埃存在于大气中，很难下沉，形成细小的硫酸水滴，分布在高空，使得到达地球表面的光线变少，有的地方因此不再有白天，即使在盛夏也只有几个小时的光照。连绵的阴雨，气温骤降，收成锐减，许多动物和人都饿死了。

火山爆发除了会使气温下降，还会通过尘埃改变大气层的光学性质，从而使得我们观察到的日出日落有所异常。1883 年，喀拉喀托火山（Krakatau）爆发期间上述现象尤其明显。喀拉喀托火山爆发没有使农作物歉收，但却造成了欧洲、美国的天空出现了大片奇异的炽红色景象：傍晚时，天空出现了可怕的血红色，有些地方还因此拉起了火警警报，比如纽约。许多人观察到这种特殊的光学现象，并成立了科学委员会来进行研究。

　　自地球存在以来，就有火山爆发。第一次被详细记录的火山爆发是公元79年维苏威火山（Vesuvs）爆发。罗马自然学家老普林尼（Plinius）死于此次火山爆发，他是米塞诺①（拉丁文：Misenum）的舰队指挥官。米塞诺位于意大利南部，在今天的那不勒斯（Neapel）附近。在维苏威火山爆发时，老普林尼试图探索这一现象并拯救受威胁的人们，他告知大家赶紧逃离，但自己却因火山灰窒息而死。住在老普林尼家里的侄子小普林尼则比较幸运。火山爆发时，小普林尼还在图书馆里学习，完全忽视了漫天的火山灰。一位好心的官员坚决地带走了小普林尼，离开了火山爆发的危险地区。这位年轻的普林尼因此活了下来，并在给历史学家塔西陀（Tacitus）的信中给我们留下了关于火山爆发的详细描述，其中特别描述了维苏威火山上方的松树状云层，这块云层非常大，即使在中午它也是黑漆漆的一片，里面还不断出现闪电。今天，维苏威火山爆发常常被人称为"普林尼火山爆发"，以纪念小普林

----

　　① 　古罗马伟大港口所在地。——译者注

尼对火山爆发的首次描述。虽然在描述中并没有提到因火山爆发导致的气候变化。

但恰恰这些才是今天关注的焦点。火山灰被抛得越高，它在大气中盘旋的时间就越长，对气候的影响也就越持久。火山灰中不仅含有相对快速下沉到地面的固体颗粒，而且如前所述，还含有硫黄化合物，具有吸水的特性，因此具有特别强的雾化效果。

观察关于火山爆发对气候的影响在 20 世纪 80 年代形成了一个假说，此假说被称为"核冬天"而载入史册。

当时，科学家们试图计算出核战争会造成的后果。而这似乎是徒劳的，因为大众普遍认为，在核战争中"一切都会结束"。实质上，这种普遍看法也得到了证实。当然，在这方面的科学也并非一无是处，相关的科学家们不仅计算了核弹的直接破坏，还考虑到了它的间接影响，所以计算出来的结果比人们普遍认为的更加严重。当时科学家们推测，核战争更可能在北半球发生，这不仅是因为北约和俄罗斯（当时的苏联）之间的对抗，而且还因为陆地的分布。

当时，人们推测世界上共有 24 000 颗核武器，其中大约一半可以使用。如果说核战争的直接影响已经超出了任何人的想象，那再加上间接影响则更无法想象。

核战争不仅影响到交战双方，还会影响到周围许多国家和地区，比如由此产生的火灾和爆炸引起的灰尘带来的影响。模型计算表明，核战争带来的毁灭肯定会超过 1816 年坦博拉火山爆发的影响。灰尘会导致全球变暗，从而加剧气温降低，影响农作物收获，1816 年的大饥荒将再现，甚至更加严重。因此，那些研究模拟核战争这一可怕课题的科学家们在研究中加入了尽快废除核武器的紧急呼吁。

四十年前，只有美国、苏联、法国、英国和中国拥有核武器，之后，以色列、印度、巴基斯坦和朝鲜也加入了拥有核武器国家的行列。到现在为止，世界也没有变得更加和平。

我们是否会面临像诗人拜伦在无夏之年写下的《黑暗》中描述的未来？

在对于火山爆发影响的研究中，人们不仅发现了火山爆发的可怕一面，还发现了大自然神奇的再生能力。上面我们提到了喀拉喀托火山的喷发，它发生在 1883 年 8 月 20 日，星期一。当时，一个和北海东弗里西亚群岛中的弗尔岛 (Föhr) 一样大的岛屿在猛烈的火山爆发中被摧毁了，留下了一座名为"拉卡塔"（Rakata）的山，那是一片完全没有生命的荒地。岛上炙热的尘埃慢慢冷却，不再有任何生命。而现在又发生了什么？

　　早在 1884 年 5 月，即火山爆发发生九个月后，一支法国探险队就前往该山考察。探险队队长在后来写道，除了一只忙着织网的小蜘蛛外，他没能找到任何生物。

　　喀拉喀托岛位于苏门答腊岛（Sumatra）和爪哇岛（Java）之间的巽他海峡（Sundastraße），距离其他岛非常远。喀拉喀托岛在被火山爆发毁灭前，岛上是大片大片的雨林。那只小蜘蛛是如何登上这片死气沉沉的孤岛的？这里，又不得不提到尘埃了，尤其是生物尘埃，那些被风传送的悬浮生物体，比如花粉、真菌孢子、飞行的植物种子或者细菌，都可以被空气运输。

　　在不能飞行的蜘蛛中，有一小部分蜘蛛，我们在夏末时可以观察到，它们站在叶尖上，从喷丝口喷出的丝线被风吹走，然后这类蜘蛛静静地在那儿等待，直到蛛网的拉力足以将它们拉走。通过这种方式，这类蜘蛛随风前往遥远的地方，在那里重新繁衍。

　　在海洋里，我们知道有许多动物和藻类，它们很小，只能跟随水流被动漂流，这些就是浮游生物。很明显，空气中也有浮游生物，生物学家称之为"大气浮游生物"。在这个星球上，每时每刻都会有大量的微生物降落到地面。经过数周或者数月的积累，微生物的数量累计到了一定的程度，它们就会变成开拓者，甚至是在最没有生命气息的地方，如被火山灰覆盖的喀拉喀托岛，也能进行繁殖。

此外，还有通过鸟类羽毛移动的微小颗粒，比如细菌、生物体和寄生虫。这些生物尘埃将火山灰烬变成肥沃的土壤，植物很快就能在上面存活。生物尘埃是神秘的灵丹妙药，能确保某个地方即使在经受最严重的灾难之后，绿色的植物也总有一天会重新生长开花。

而当第一批植物长大后，大型动物很快也会出现，先是会游泳的动物，还有一些被飓风带来的动物，还有一些坐在浮木或者其他动物背上漂流而来的动物。这些动物抵达这里后，开始建立一个新的生态系统。无论地球上有什么来访者——生命都会生存下来。

梨花花粉

很多人都讨厌花粉，花粉会让人皮肤过敏、眼睛浮肿或者患季节性过敏性鼻炎[①]。那些对花粉不过敏的

———————

① 又称花粉热。——译者注

人也不喜欢花粉，花粉漫天飞舞的时候，汽车上总会有一层细密的柠檬黄色，还得去洗车。每隔几年，德国的云杉就会开花，产生大量的花粉，以至于下雨的时候都呈现出黄色，被称为"硫黄雨"。但有些人不仅不讨厌花粉，还喜欢花粉。住在里斯河畔比伯拉赫（Biberach）的施瓦本艺术家沃尔夫冈·莱布（Wolfgang Laib），他在家附近的灌木和树上收集了大量的花粉，并在纽约现代艺术博物馆（MoMA）里和其他地方铺开了一片数米长的长方形花粉田，这片花粉看上去似乎是从远方飘来的。沃尔夫冈·莱布因其花粉艺术及其他艺术作品于2015年获得了高松宫殿下纪念世界文化奖（Praemium Imperiale），这个奖项是艺术界中的诺贝尔奖。

相比于沃尔夫冈·莱布的花粉艺术作品，我更喜欢艺术家马克西米利安·普吕费尔（Maximilian Prüfer）的作品。2018年，普吕费尔来到一个美丽的山谷。他加入了当地果园的工作，接受了当地工人人工授粉的培训。普吕费尔脖子上挂着一个装满花粉的罐子，手上拿着一根授粉器。这根授粉器是由一根长长的弯曲的竹棍做成的，竹棍顶端插着鸡的羽毛。就这样，普吕费尔坐着一位果园工人的摩托车，一起进入了附近的山区，那里到处都是开花的梨树。白色的花朵与红色的大地形成了鲜明的对比，呼呼的风声在耳边吹过。

他们终于到达了山顶，从摩托车上下来，进入山中。现在，授粉工作正式开始。首先，他们用授粉棒沾了沾当地农民收集的梨花花粉，然后用沾了花粉的授粉棒戳一下树上的白色花朵。有的花朵在很高的位置，还需要人们爬树去授粉。人类不能飞行，只能通过爬树来给高处的花朵授粉。除了普吕费尔和他的同伴，一路上还有很多人，女人、男人、还有孩子，都在给梨树授粉。连续数日，山上都是给梨树授粉的人。

普吕费尔从果农那里买了一棵特别的树，准确地说，是他拿到了自己的劳动报酬。普吕费尔用授粉棒小心翼翼地沾了一点儿花粉，戳了一下这棵梨树上的一朵花。

同年秋天，普吕费尔又回到这片山谷。普吕费尔的梨树只有他之前人工授粉过的花朵结出了梨，其他花朵都没有结出果子。他摘下这颗梨，依照这颗梨做了一个石膏模型，并在石膏内部注入了青铜。

我在奥格斯堡（Augsburg）遇到普吕费尔时，他向我阐述了他的艺术项目的背景。那座漂亮的山谷徒有其表，实际上整个山谷的生态系统已经遭到了破坏。

　　昆虫为人类提供了帮助，甚至是不可或缺的帮助。失去了这些昆虫，人们必须自己替代昆虫，比如替代蜜蜂，做授粉工作。

　　他指出，在德国，昆虫数量也在减少，虽然还没有到需要人工授粉的地步，但希望这种情况永远也不会发生。德国一直有批量制造授粉机器人的项目，比如"机器蜜蜂"（Robobee）项目，为昆虫数量的减少做准备。

　　在德国一些地区，如汉堡附近的阿尔滕地区（Alten Land），会有流动的养蜂人在果树开花时提供授粉服务来获取报酬。养蜂人的蜜蜂提高了果树的产量和质量。野生蜜蜂对于花朵授粉很重要，即使在恶劣的天气，野生蜜蜂也会不停歇地进行授粉工作，但我们人类却很难做到。对旧耕地进行生态重建对于野生蜜蜂授粉工作也有帮助，因为生态重建为蜜蜂等昆虫创造了新的栖息地。

　　花粉也许是漂浮在自然界中最珍贵的尘埃，因为它越多越能确保有一个好收成。通常，花粉的颜色是闪闪发光的黄色。人们以为会有很多科学家对花粉感兴趣，但实际上对于这样微小的东西，很长时间都没有什么人注意到它。直到植物学家鲁道夫·卡梅拉留斯

（Rudolf Camerarius）（1665-1721）借助于简单的实验证明了花粉对果实的形成不可或缺。他的座右铭是"用植物，而不是用文字"（herbis，non verbis），表明花粉对果实的形成是必不可少的。还有一位来自不同领域的研究者——古典语言学家克里斯蒂安·康拉德·斯普壬格（Christian Konrad Sprengel）（1750—1816），他的家庭医生建议他，多与安静的植物打交道，以保护他受损的神经。斯普壬格之前是一位校长，他听取了家庭医生的建议，改变了之前的生活，开始研究植物，却没想到这使他走上了出名的道路。斯普壬格出版了自己的研究成果《大自然的秘密：花的结构和传粉之发现》，在这本书中，他确凿地证明了花不是为人类观赏而创造的，花的绽放也不是为了赢得我们的关注，而是为了吸引昆虫的目光。植物用尽所有技巧吸引昆虫，比如利用气味、颜色，还有昆虫爱喝的花蜜。昆虫被吸引靠近的时候，机智的花朵将花粉沾在了昆虫身上，昆虫再拜访下一朵花朵时，又抖落了这些花粉：这是一种植物之间的间接的性行为。

尽管研究植物学并没有让斯普壬格受损的神经恢复，但他的研究成果却在后来为斯普壬格赢得了永恒的声誉。虽然在一开始，当时的大学教授们都不屑于斯普壬格的研究，甚至对他加以嘲笑。

对于植物来说，昆虫是花粉使者，比如蜜蜂，植物必须为这些花粉使者准备欢迎的礼物，比如花蜜，就像我们会为客人准备糖果一样。而对于昆虫来说，花朵只是个蜜罐。这种相互误解，却造就了植物和昆虫之间的紧密合作，这种合作至今已经长达上千万年，是如今地球生态多样化的重要原因之一。

通过显微镜的观察发现，植物的花粉各不相同。例如云杉的花粉侧面有凸起，像是两个小翅膀一样，这样它的花粉能够更好地随风飞行。云杉属于风媒植物，不需要昆虫授粉。云杉以及其他风媒类针叶植物，都不用吸引昆虫，它们也没有显眼的花朵。

睡莲则完全不同，它绽放出美丽耀眼的花朵，芬芳四溢，这一切都是为了吸引昆虫，甚至连花粉的构造也是为了能够更好地附着在昆虫身上。通过显微镜可以清楚地看到，睡莲的花粉上有许多小刺。小飞虫在睡莲间穿梭，为柱头授粉。存活至今的大多数植物都属于虫媒花，都需要昆虫传播花粉。如果使用显微镜观察虫媒花的花粉，你会发现它们都有奇特的形状，利用这些形状，花粉紧紧地黏附在昆虫的皮毛上。虫媒花的花粉还有花粉鞘，花粉鞘增强了花粉与动物皮毛的黏附力，所以花粉是一种非常黏稠的灰尘，就很难清除。

世界上大约只有五分之一的植物是风媒植物，其余植物都是虫媒植物，借助昆虫授粉要安全得多，即使相比于风，昆虫需要得到报酬，比如花蜜。除此之外，植物还要用精心设计的花朵颜色和香味来吸引昆虫。风媒花和虫媒花之间的区别就像是传单和寄送的邮件。邮件要花钱，但是要比传单更安全地到达收件人的手里。

另一方面，风媒植物不需要以鲜艳的花朵吸引昆虫，相反，它们生产更多的能够在空气中传播的花粉。所以大多数过敏患者都是对风媒植物的花粉过敏，比如榛子、桦树和各种类型的草。

虫媒植物的花粉体积较大，飞行能力较差，而且产生的花粉数量也远没有风媒植物多，所以通常来说，虫媒植物的花粉对过敏患者无害。

如果不再有昆虫，那一切就会变得糟糕。植物鲜艳的花朵依旧芬芳四溢，但却没有昆虫拜访，植物 A 的花粉再也没有办法到达植物 B，繁衍过程无法继续，也不再结出果实。植物开出来的美丽花朵白白浪费了。

虫媒植物与昆虫天生就是好朋友，自诞生以来，它

空气中弥漫的花粉

云杉花粉

花粉

们就成为了朋友。每一个细节，包括虫媒植物和昆虫的

体格、行为都体现着它们的友谊，它们一起进化，例如

蜜蜂是在虫媒植物之后诞生的，而这些虫媒植物也是在蜜蜂等昆虫诞生之后，才逐渐确立起在植物界的地位。蕨类和苔藓比虫媒植物古老得多，在恐龙时代，蕨类和苔藓植物在植物界占主导地位，但在我们现在的植物界中，它们只是个边缘角色。如果我们仔细观察虫媒植物，可以猜出给其授粉的昆虫或者说是动物，有些虫媒植物并不由昆虫授粉，而是由蜂鸟或蝙蝠授粉的。在这方面，艺术家莱布和普吕费尔的作品以他们自己的方式展示了花粉的珍贵和不可比拟性，就其微观结构而言，花粉揭示了自然界是一个伟大的整体，在这个整体中，事物之间相互依存，相互联系，相互适应。即使是最微不足道的东西，比如一颗不起眼的花粉，也是经过数百万年发展的整体的一部分。花粉最终带来了人们所渴望的东西：满筐的梨、巧克力、咖啡和多汁的葡萄。

病毒、细菌和真菌孢子

哲学家哥特弗里德·威廉·莱布尼茨（Gottfried Wilhelm Leibniz）在他的主要作品《单子论》

（*Monadologie*）中写道，万物皆有灵性，每一粒尘埃，无论多小，都是一个"长满植物的花园和充满鱼的池塘"。莱布尼茨是第一批进行显微镜实验的人，这些实验表明，即使是当时已知的最小的生物，也包含许多更小的结构，并且远比我们想象的小得多。从这些发现中，莱布尼茨得出了一个意义深远的结论：我们对于这个世界和世界上的生物了解得太少，把这世界看得太过简单。勒内·笛卡尔（René Descartes）的哲学认为所有物体都有一个清晰明确的形式，可以用数学来表示。莱布尼茨对此持反对观点：所有事物都具有不规则性，这种不规则性不仅无法被准确描述，而且在不断减少或新增，就像畜群中，有动物离开，也有新的动物加入。通过这个惊人的想法，他超前地预见了现代研究的结果：通过最强大的显微镜，人们可以观察到，所有物体都在不断与周围环境交换物质，物体处于正常环境中时，会用细小颗粒将自己包裹起来。对于生物来说更是如此，尤其对于人类。在我们的细胞中，只有一半牢牢地附着在我们的身体上，另一半作为自由漂浮的微生物群生活在我们体内和体表。而每个人，就像《花生漫画》（*Peanuts*）中的乒乓（Pigpen）一样，被一团尘埃所包围，科学家称之为"个人云"（Personal

「尘埃」 爱恨交织的微观世界

Cloud）。

这些尘埃是从哪儿来的？其中一部分尘埃来源于我们的皮屑和衣服的纤维，正常的新陈代谢和说话都会增加周围的尘埃。即使在正常的平稳的呼吸中，我们也会每次呼出一到几百个细小的飞沫，这些飞沫来自肺部深处，可能还含有细菌或病毒。在说话或唱歌时，呼出的飞沫数量将增加到每立方分米几千个到几十万个，这些飞沫仅仅来自声带、舌头、牙齿和嘴唇的运动。人类呼吸、说话、唱歌和喊叫的同时，都会向外部释放出大量的非常细小的尘埃。

人类一天 24 小时都需要呼吸，成年人每天大概吸入 10 至 25 立方米的空气。大部分的人每天不仅仅是安静地呼吸，更会大声说话、喊叫，或者唱歌，因此我们每天会产生大量的尘埃。

这在室内尤其明显。在室内，病菌可以迅速积累到一个较高的数量。但在室外，我们排出的大量尘埃不仅会被迅速稀释，而且还会被运走，此外，阳光中的紫外线会使我们产生的尘埃变得无害。

人类像其他陆地脊椎动物一样，自然地通过呼吸产生尘埃，因此，新冠疫情流行时期室内的行为规范也就应运而生。保持距离非常重要，而且距离越大越好。通风有利于降低空气中颗粒物的浓度。在室内，佩戴口罩是防止感染新冠病毒的有效措施，尽管也不是百分百安全。FFP-2口罩不仅可以保护佩戴者不吸入空气中的尘埃，还可以过滤佩戴者呼出的空气。当然只有新的口罩才有此功效。出于卫生原因，试图通过清洗甚至在烤箱中烘干来回收FFP-2口罩的做法并不可取，因为口罩的无纺布会在清洗或者烘干过程中失效。这种无纺布是由一种带微电荷的材料制成，因此能以静电方式吸引尘埃颗粒，这种电荷会在清洗或加热后消失。

实际上，新型冠状病毒不是单独存在的，而是附着在空气中的飞沫上。空气中的飞沫非常小，能够在空气中飘浮很长时间。一根浅金色的头发丝直径约为20微米，深色头发丝的直径通常更粗。浅金色头发丝被切割100次以上，直径才与病毒的大小相当。病毒附着的飞沫也非常小，传染力也非常强，正如新冠疫情大流行期间所证明的一样。

新冠病毒就是这样传播开的：一位客人转身向另一位客人要了盐的调料瓶，一个人在新冠病毒感染者待过的电梯里站了1分钟……在医院里，预防、消毒措施要比其他场所更加严格，比如需要经常手部消毒，穿戴特殊的无菌防护服、手套、手术帽和外科口罩。这些卫生措施已经属于重大进步，但还远远不够，因为这些措施没有涉及疾病传播的重要媒介——空气中的尘埃。

在生产医药的实验室或手术室，尽可能地消除空气中有潜在危险的尘埃至关重要。在这样的环境中，仅仅洗手和消毒是远远不够的。无菌室由此诞生。每个进入无菌室的人只能穿着特殊防护服，穿过一个消毒室，再进入无菌室。无菌室的房间基本是封闭的，没有窗户，只有经过过滤的空气才能进入，还需要持续的正压确保没有外部空气进入。无菌室在 20 年代 60 世纪开始使用，并在全世界范围内大大降低了疾病感染，特别是在手术室中。无菌室随着社会的进步也在不断地改进。进入无菌室的空气都必须经过重重过滤，这消耗了大量能源，而且在无菌室中工作并不舒适，所以无菌室也只在某些特别危险的领域被投入使用。对于其他场所，必须采用不同的卫生消毒措施，比如在疫情期间，学校采取的卫生消毒措施就取得了一定的成功。

从纯科学角度来看，带有病毒的气溶胶属于生物尘埃，空气中的细菌和几乎无处不在的真菌孢子也属于生物尘埃。这部分生物尘埃引发流行病，给人类造成了极大的困扰。除了新型冠状病毒，还有其他的疾病也是通过生物尘埃传播的，如结核病。不仅人类会被病毒感染，动物甚至植物也会被病毒感染。植物也会受到细菌和病毒的攻击。烟草花叶病毒是一种植物病毒，它是病毒发现的起点。化学家阿道夫·迈耶（Adolf Mayer）在调查烟草花叶病毒时，发现了这种疾病可以从一株烟草植物传染到另一株烟草植物，而不是通过遗传。在当时，利用最好的显微镜也无法观察到病毒的存在，直到很久之后，人们才发现是这种极其微小的颗粒，即病毒引发了烟草花叶病。病毒可以繁殖，甚至能够进化，也就是说病毒能够改变自己以适应新的环境，正如在疫情期间所证明的那样。但病毒不是生命体，因为它们无法新陈代谢，病毒只能依附其他生命体存活，如人类、动物、植物或者细菌。

烟草花叶病毒为棒状结构，这种病毒是最早被发现的，因为它的抵抗力极强，极易在各种环境下存活下来，从烟草花叶病毒寄居在有毒植物上就可以看出，它不仅不怕尼古丁，还能抵抗高温，而且烟草花叶病毒所属的病毒家族是全世界分布最广泛的病毒家族之一。然而这种病毒是如何从一株植物传播到另一株植物上的？与人类不同，植物不会移动，植物会呼吸，但不会呼出飞沫。对于烟草花叶病毒来说，只要接触到就可以传染。此外，烟草花叶病毒的传播还要多亏了人类的活动，在人类种植烟草的过程中，总会不经意地将烟草花叶病毒从一株烟草传播到另外一株，尤其是受伤的植物极易感染烟草花叶病毒，就像病毒在人类中传播，也多是由伤口进入人类身体，而不是通过健康的皮肤。

关注致病的生物尘埃对于人类、牲畜以及农作物的健康都极其重要。

但是，这种生物尘埃是如何从一个宿主到另一个宿主的，又是如何在恶劣环境下生存下来的，其答案令人非常惊叹。病毒、细菌和真菌孢子不仅存在于城市中，也存在于天空的云层中，甚至在地球大气层的最高层和太空中都能发现它们的身影。它们生命力非常顽强，能够在高温、寒冷、干旱或者强辐射等恶劣的环境下生存。

病毒、细菌和真菌孢子既没有腿，也没有翅膀，但却可以移动。它们不是靠自身移动，而是依靠它们寄生的生物、昆虫或者人类，或者依靠风，漂浮于风中，让风带它们去往新的地方……

最后我们再来聊聊莱布尼茨。莱布尼茨将显微镜下发现的微小生物的世界看作是现实宏观世界的延伸。在这个迷你动物园里，莱布尼茨并不知道，这里有无害的生命体，也有能够带来疾病和死亡的颗粒。

有可能有些人对于这些完全不屑，但这丝毫无法动摇莱布尼茨对于这微小世界的热爱，他指出，这些微小世界中的物质具有高度敏感性和精妙的构造。他曾写信给数学家约翰·伯努利（Johann Bernoulli），信上说，在最小的物质颗粒中，隐藏着丝毫不逊于我们宏观世界的多样性与美观性。

也许现代病毒学家并不能够完全理解莱布尼茨对微小世界狂热的喜爱，但他们认同，如果没有迷恋或者热爱，人类根本不可能去研究最危险的病毒和细菌。

星尘（宇宙尘埃）

在早期，彗星被认为是动荡和流行病的预兆，因为它们破坏了天空的秩序。一些彗星发光的形状，使人们联想到了剑或者棍子，所以彗星也被认为是神明审判的公告。

与之相反，人们却很喜欢流星，很多人都相信，对着流星许愿，愿望就会成真。

彗星与流星，有着截然不同的象征，一个预兆着厄运，一个预兆着好运，但彗星与流星都属于尘埃。彗星发光的尾巴是它们的个人云（Personal Cloud），是彗星留下的尘埃，也是彗星在宇宙之旅中留下的踪迹。当这些尘埃靠近地球，被地球引力吸引时，这些尘埃就会以流星的形式高速划过我们的天空。

奥地利军官威廉·冯·比拉（Wilhelm Freiherr von Biela）是位天文爱好者，他很幸运地在 1826 年用望远镜首次发现了一颗彗星，这颗名为比拉的彗星就是以他的名字命名的。比拉彗星在 6 年后再次出现，1845 年，比拉彗星第三次出现，这时它已经被撕成了两半。与之前的形状相比，这时的比拉彗星显得更加神秘阴森。彗星的一部分看起来像是一只幽灵的手握着一块发光的石头，另外一部分则像一片小云，两部分都朝同一方向运动。 在 1852 年，比拉彗星第四次返回时，这两部分分割得更远了。但是后来，比拉彗星在完成第五次轨道周期后，我们就完全看不到这颗彗星了，它已经成为迷失在太空中的"游牧民族"。

然而在 1872 年，在比拉彗星的同一片天空区域出现了巨大的流星群。1885 年，这一现象又再次出现。所以，由此推测，比拉彗星解体成了大量的颗粒，变成了宇宙星尘，成为天空中美丽的流星。比拉彗星变成的流星又被称为仙女座流星，因为比拉彗星形成的流星雨所在的天空的星座为仙女座。如今我们仍旧能观测到仙女座流星，虽然没有那么多，几年前的 11 月份我就在凌晨观察到过。

其他著名的流星现象也证明了，其实我们看到的流星就是彗星的个人云在地球大气层中发出的光。1799 年 11 月，亚历山大·冯·洪堡（Alexander von Humboldt）和他的同伴埃梅·邦普兰（Aimé Bonpland）在奥里诺科河（Orinoko）上空看到了很多流星，比星星还要多。洪堡非常兴奋，但无法解释这一现象。意大利天文学家乔凡尼·斯基亚帕雷利（Giovanni Schiaparelli）推测，这个现象是一颗衰变彗星的痕迹。根据斯基亚帕雷利的理论，当地球轨道再次与彗星尘埃轨迹交叉时，这个现象就会再次出现。但在斯基亚帕雷利计算的日期中，这一景象没有再次出现，公众和专家纷纷感到失望。后来发现，斯基亚帕雷利的理论基本正确，只是忽略了一个事实，即太阳系中有一个巨大的干扰因素影响了他的预测，即木星。由于木

「尘埃」爱恨交织的微观世界

星巨大的质量，它吸引了太阳系中的星尘和彗星，因此干扰了斯基亚帕雷利的计算。斯基亚帕雷利只考虑了引力最大的天体，即太阳，所有的彗星都围绕着太阳转动。今天我们知道，太阳不仅有引力，也有斥力，所以太空中尘埃粒子的运动并不简单。大多数已知的流星群都是由解体的彗星的尘埃粒子形成的。早在19世纪下半叶，通过对流星群和彗星轨道的系统比较，就得出了这一结论。

比拉彗星也为研究流星形成的原因做出了贡献，人们观测到它的解体，而且它的路径较短，天文学家在相对较短的时间内就能观测到它的返回。一般彗星的轨道非常复杂，天文学家甚至不能在有限的生命中再次看到同一颗彗星。

现在我已经告诉了你很多关于流星和彗星的事情，这些现象实际上是由什么组成的？答案很简单：彗星基本上是由尘埃组成的，就像城市里脏脏的雪球一样，由一颗颗雪粒组成。

城市中的雪球除了有雪粒之外，还有烟尘、轮胎碎屑、沙砾和各种污染物，而彗星除了冰、固态二氧化碳和氨之外，还有金属颗粒，特别是铁。当彗星接近太阳时，它的温度升高，彗星中的冰融化或蒸发，只剩下固体颗粒。彗星本身就是残余物，是太阳系形成时留下来的物质。

正如我们所知，太阳系是由原始星云，即原始尘埃云形成的，在这片庞大的原始尘埃云中诞生了太阳和行星。太阳系的形成揭示了这样一个世界规律：总会有东西被剩下，而太阳系形成的剩余物质就是尘埃云和彗星，它们四处游荡，传播混乱。在彗星漫长的轨道上，它们也会碎裂，留下尘埃。当它们的颗粒进入地球的大气层时，会产生可见的光芒，非常大的碎片甚至可以到达地面。曾经也发生过流星掉落到地面，烧毁了茅草屋顶。小心，天空中真的会掉落石头。

然而，总的来说，以这种方式降落到地球上的宇宙物质并不多。据估计，每天有几吨到几千吨宇宙尘埃降落到地球。由于地球上的尘埃也非常多，所以当宇宙尘埃进入地球并缓缓滑落到地面时，已经跟地球上其他的尘埃没有什么区别了。

现在已经有一种方法，可以在宇宙尘埃落入近地面大气层前就拦截它，即拦截来自外太空的微小颗粒。

在平流层飞行的飞机的机翼上安装特殊的尘埃收集器，飞机飞行于距离地面 20 千米的高空，远在云层之上，在能够监测到宇宙的高度上。这时，尘埃收集器收集到的尘埃大概率上都来自太空。在更低的地方收集到的尘埃，就是来自太空和地球的尘埃混合体了。

如果你与天体物理学家交谈，就会发现他们对于研究微小尘埃充满了热情。微小尘埃甚至能够追溯到太阳系诞生的早期，尤其是用现代分析方法研究时，会发现这些微小的尘埃颗粒蕴藏着丰富的信息。正如我在前文中所提到的，有几位天体物理学家已经以尘埃为主题开始撰写论文。尘埃早就激起了人们的想象力，毕竟有一种理论认为，可能会有以微生物的形式存在的生命附着在宇宙尘埃中落到地球上，因为，已经在陨石上发现了生命的组成元素之一氨基酸。但仅此而已。

即使在最小的地球尘埃颗粒上，也发现了比迄今为止发现的所有宇宙尘埃样本更复杂的结构。

缤纷与阴郁：自然界中的尘埃和有关尘埃的一切

人类与尘埃：爱恨交织

我们人类充满矛盾。一方面，我们害怕尘埃，想尽一切办法清除尘埃，但另一方面，看到尘埃又能带给我们愉悦：在太阳光下跳舞的尘埃，无声无息地舞动着，没有重量，迷人极了。它们被叫作太阳尘埃，但其实就是污垢。

而在实际生活中，也充满了矛盾。一方面，我们定期擦拭家具和仪器，以免家具和仪器上布满尘埃，影响使用。我们还用多种过滤器保护硬盘，在某些工作场所使用清除尘埃的设备。另一方面，我们发明了许多新的尘埃，还发明了许多制造尘埃的东西，从香水瓶的雾化器、研钵、碾磨机，再到柴油发动机的喷嘴。

利用尘埃的特性，让尘埃为我们工作，是一门精细的艺术，但这绝不仅仅是只有在高科技时代或者在少数的特殊领域才能实现，如优化香水喷涂工具、提升药物疗效、提高内燃机的性能，而是在日常生活中，尘埃就因其特殊的性质而不可或缺。我们需要小心翼翼地利用尘埃，不能总是低估尘埃的潜力。为了了解尘埃，有时我们可以观察动物。

用于清洁的尘埃

麻雀喜欢尘埃多的地方，比如沙坑，甚至干涸的水坑。麻雀拍打翅膀，用翅膀把沙子扬到身上，然后再把身上的沙子抖落，很多鸟类也会这么做，包括家鸡或鸽子。

灰尘能够帮助鸟类清除它们身上的寄生虫，鸟类抖落沙子的同时，也将寄生虫一起抖落了下来。另外，尘埃还有干燥的作用。所以，很多动物都很享受洗沙浴，让温暖的沙子流淌过它们的皮毛。

不仅鸟类喜欢洗沙浴，众多哺乳动物也很喜欢在尘土中翻滚，包括大象等大型动物和龙猫等小型动物。

美洲安第斯山脉有一种毛茸茸的鼠类，以柔软的皮毛闻名，它们就痴迷于洗沙浴，所以这种鼠类的饲养者也必须储备大量沙粒。

人们很早就观察到动物的沙浴，也很早就开始将这种方法运用到自己的生活当中。你也可以试试，像动物一样用沙子清洁自己的身体。真的非常有效！直到今天，皮草商都是用木质粉末来清洗皮草的，因为皮草不能用水清洗，一旦用水清洗，皮草就会变硬。用专业术语来解释的话，皮草是皮毛经硝熟变软而制成的，所以用水清洗就会破坏其性质而变硬。皮草商用细小的榉木粉撒在皮草上，然后揉搓，再通过拍打将粉末抖落，这样就能洗掉皮草上的污垢甚至油脂。木质粉末颗粒将油脂颗粒粘住，并将油脂颗粒带出。利用木质粉末重复清洗几次，一个非常脏的皮草外套就变干净了。

这种清洗方法是利用较大的颗粒吸住并带出较小的颗粒，这种清洗效应，我们在日常生活中也常常能看见，比如城市中下雪时，雪花就会将飘浮在空气中的尘埃吸附。浴缸中也能观察到这种现象，小的泡沫会常常主动靠近大泡沫。我们喝苏打水的时候，也能够观察到，大气泡吸住小气泡，然后一起爆裂。

在技术方面，我们可以利用这个现象，例如在制作玻璃制品时，通过较大的气泡来去除细小的玻璃气泡。用灰尘进行清洁也是利用同样的原理，比如一把旧扫帚要比一把全新的扫帚清扫得更干净，一个集尘袋中已经积攒了一些灰尘的吸尘器要比集尘袋空着的吸尘器吸得更干净，因为集尘袋里的尘埃能够吸引更多的尘埃。

因此，利用尘埃才是解决尘埃的有效措施！这值得我们好好思考！尘埃是否也能运用到水处理中？许多小溪和河流看起来非常浑浊，如果你不想生病，一定不要喝这些浑浊的水。事实上，尘埃的确能够在水处理中起到作用，比如利用硅藻土（Kieselgur），即硅藻（Kieselalgen）的细粉状残骸。在德语中，"硅藻"一词中的"kiesel"是指鹅卵石，硅藻喜欢生活在鹅卵石上，夏天人们在河岸边捡到的鹅卵石上面总会有一层白白的粉状物质。过去，人们认为这层白白的物质是鹅卵石发酵过程中产生的，所以称其为石蜜（Gur）。然而，事实上，它是微小的水生生物的遗骸，即硅藻的遗骸，这些小的单细胞生物生活在形状非常奇特的硅藻壳中。硅藻死后，它的硅质外壳不会分解，而是沉积下来。

在一些地方，硅藻壳沉积了一米高，见证了湖泊的变迁。硅藻壳是白色的粉末状，像面粉一样，所以过去人们还称之为"山粉"，在饥荒时，人们还会将硅藻壳掺到面粉中一起吃，虽然这种矿物粉末没有任何营养价值。过去人们常常将硅藻壳作为辅料，后来逐渐用它来制作隔热材料。

在 19 世纪末，德国工程师威廉·贝克菲尔德（Wilhelm Berkefeld）在自家的硅藻土水坑中发现，水坑里的水总是清澈见底。从这个简单的观察中，他推测，硅藻土也许可以用于过滤饮用水，而在他之前，也有很多人观察到这个现象。随后，贝克菲尔德用硅藻土制作过滤器，就像咖啡的过滤纸一样，结果，贝克菲尔德真的通过硅藻土过滤器过滤出了无菌的水，这对生存至关重要，尤其是在危机地区，这意味着人们能够将水中的微生物净化，去除细菌，利用细菌容易附着在硅藻土细小结构上的原理，就像城市空气中的灰尘附着在雪上。在霍乱肆虐的年代，硅藻土过滤器发挥了巨大的作用，挽救了许多人的生命。由于其强大的过滤功能和操作的简单性，硅藻土至今仍被使用在民防设施中。贝克菲尔德制作出的过滤器对人类的健康做出了巨大的贡献，因为有很多疾病如痢疾或霍乱，都是通过被污染的饮用水传播的。

除了雪白的硅藻土，漆黑的活性炭在废水处理中也发挥着重要作用。尽管活性炭是黑色的，但是它也能够过滤细菌。活性炭大多数是一种经过碳化的植物碳，它具有非常大的内表面积。如果人们利用活性炭过滤器过滤被污染的水，过滤出来的水是透明的，且大概率已经达到了可饮用的标准。

活性炭也常常被用来治疗胃病或者中毒，因为活性炭也能够吸收、清除我们体内的细菌或者毒素。很早以前，人们就已经知道这种黑色的东西可以用来清洁，比如在阿尔卑斯山脉附近的山区，人们在晚上常常用炉子上的炭灰清洁牙齿。这绝不是粗野和愚蠢，而是一种非常机智和科学的做法，因为炉子上的炭灰是一种活性炭，使用它可以吸附牙齿上的细菌，同时还能吸收异味，清新口气。这种使用活性炭清洁牙齿的古老做法在现代又被重新发掘，现在人们可以在商店买到用于清洁牙齿的活性炭粉或者活性炭片剂。

活性炭和硅藻土一样，只有人类会使用。但动物世界中也有类似的物质，比如鹦鹉吃了某种难以消化的果实后，会食用某些具有类似活性炭效果的细细的土壤粉末，一种能够吸附细菌和毒素具有治疗作用的土壤粉末。鹦鹉从河岸堤坝上啄食这种土壤，以舒缓它的肠道。

用于艺术的尘埃

每一件艺术品、手工艺品，都会产生尘埃，这时的尘埃大多是作为无意义的副产品，在工作结束时就会被扫进垃圾桶。但在美丽的绘画艺术领域则恰恰相反，人们直接使用尘埃创造绘画作品。几千年来，早在人们开始写字之前，人们就已经会画画了。阿尔塔米拉洞（Altamira）①和拉斯科洞窟（Lascaux）②存在着距今3万多年的艺术作品，这还不是最古老的绘画作品。阿尔塔米拉洞内的绘画是用赭石、白垩岩和木炭完成的。与植物颜料不同，它们都有很强的耐久性，不会

---

① 阿尔塔米拉洞位于西班牙北部的坎塔布里亚自治区首府桑坦德市以西30公里的桑蒂利亚纳戴尔马尔小镇。——译者注
② 拉斯科洞窟位于法国西南部多尔多涅省蒙蒂尼亚克镇的韦泽尔峡谷。——译者注

随着时间的推移而褪色。

壁画上的内容主要为动物，人们至今仍赞叹着壁画的惟妙惟肖。壁画上也常常会出现人类的手，当时人们已经使用了喷绘绘画技巧，他们将粉状颜料放在空心的鸟骨中，然后吹到潮湿的墙上。当毕加索（Picasso）看到拉斯科洞窟中的绘画时，他感叹道："我们什么也没学到！"

这句话意指绘画水平，也指绘画领域的技术水平。自阿尔塔米拉洞和拉斯科洞窟绘画时代以来，绘画就一直是在某个东西的表面上涂抹细小的颜料颗粒。在早期，是在洞壁上，后来是在木墙或者寺庙的墙壁上，再后来，人们是在画布上绘画。但基本原理是一样的，即细小的尘埃颗粒附着在表面上，由此，一幅画就诞生了。人们也可以再使用黏性物质辅助更好的固色，比如在洞穴绘画中，常常使用动物脂肪来作为壁画的保护膜。人们也可以不再使用这些黏合剂，因为本身尘埃就容易附着在多孔表面上。现在人们常常使用亚麻油、蛋黄或其他化学物质作为载色剂和绘画媒介剂，但粉笔、木炭和铅笔也没有淡出绘画领域。所以，毕加索的这句话，本质上并没有错误。

近现代艺术家们拥有更多的颜色可以使用，但这只是有限的进步。在阿尔塔米拉洞和拉斯科洞窟绘画的画家们只用无毒、甚至是可以食用的天然颜料进行创作，而后来的艺术家则使用美丽但是潜伏着各种问题的颜料。

世界上最著名的画作之一是在德国德累斯顿的历代大师画廊（Alte Meister）的《西斯廷圣母》（*Sixtinische Madonna*）。画中底部的两个小天使被称为国际流行文化的真正标志，甚至要比画中央的圣母和圣子还要令人熟知。

如果你用化学家的眼光看待这幅德国德累斯顿的历代大师画廊中最伟大的珍品，它就是一件有毒的危险废物。因为画这幅画的拉斐尔，与同时代的其他画家一样，使用了大量有问题的颜料，例如画面上天使附近的白云，拉斐尔是用铅白画的，这是一种由铅制成的颜料，人们自古希腊罗马时期就开始使用。这种铅白可以调出好看的暖白色，还能够被研磨成很细腻的粉末，这就是为什么艺术家喜欢使用铅白的原因，它纯洁美丽，却是白色的毒药，现代艺术家已经没有人使用这种材料了。在古老的艺术品中铅白无处不在，如果一幅古老的艺术品中没有检测出铅白，那几乎可以判定这幅艺术品是赝品。

DIE SIXTINISCHE MADONNA, RAFFAEL 1512/13

铅白

《西斯廷圣母》，拉斐尔，1512—1513 年在炼金术中，铅是土星的象征，铅引发的疾病被称为土星症。铅中毒的症状包括胃痉挛以及其他神经系统症状，如四肢颤抖、头痛、方向感迷失、失眠，也有情绪突然暴怒或低沉。硫化铅的沉积，也会造成牙龈变黑，有口气。

让我们说回拉斐尔。在意大利摩德纳（Modena）工作的医生贝纳迪诺·拉马齐尼（Bernardino Ramazzini）是现代职业医学的创始人。他于1700年出版了《论手工业者的疾病》一书。在书中，拉马齐尼提到了拉斐尔的早逝有可能与他使用的有毒颜料有关。拉马齐尼带有讽刺意味地说，画家们画的人物看起来都比实际人物要更漂亮，但是自己却要比实际年龄看起来更老、健康状态更差。

当然，关于拉斐尔年仅39岁就早逝的原因有许多种说法，没有任何一种原因能够被证明。但可以肯定的是，许多画家确实因使用的彩色颜料而遭受严重的健康问题，有可能在现在也是。充满痛苦地过早逝去，在当时的画家群体中并不罕见。拉马齐尼描述了这样一个案例：一位在法国昂热（Angers）生活的无名画家，他的手以及手指常常无法控制地颤抖，后来发展成剧烈的胃痛和腹部疼痛。在胃部和腹部疼痛发作时，几个人同时用身体的重量抵住这位画家的腹部，才能减轻疼痛。最终，这位无名画家在可怕的痛苦中死去。

医生们对病因一无所知，但后来一位叫让·费尔内尔（Jean Fernel）的医生在他的一篇著作中提供了一条重要的线索。他写道，这位无名画家不习惯用手指擦拭画笔，而是直接将画笔放在嘴里吮吸，这样他就能更快地再次使用画笔。这个习惯，让这位画家摄入了大量的有毒颜料。颜料中除了铅白有毒，还有朱砂，一种红色的汞化合物，以及雌黄和雄黄，两种有毒的砷化合物。

即使是没有用嘴抿画笔习惯的画家，也很难逃脱有毒颜料带来的危险。因为有毒的颜料以尘埃的形式并通过其他方式进入人体。在早期，许多画家都是自己准备颜料，在研钵中研磨这些颜料物质，并根据绘画需要将其与亚麻籽油或蛋黄混合制成绘画的颜料。在这些步骤中，颜料不可避免地被调动起来，进入空气，被吸入体内，或者从皮肤进入身体内部。但这些颜料所带来的巨大危险长期以来一直被低估或忽视。显然，许多艺术家都过于沉醉于他们的创作，以至于他们对自己的健康漠不关心。

现代主义时期的画家也没有摆脱颜料的危险，例如在文森特·凡·高 (Vincent van Gogh) 的一幅著名画作中，背景是使用"巴黎绿"画成的绿色，这种颜料是一种高毒性的砷化合物。虽然无法证明，凡·高的精神错乱和抑郁情绪是否与他使用的颜料有关，但在其他画家的案例中能够非常明确，是颜料的毒性带来了死亡，比如 1962 年死于里约热内卢的巴西著名画家坎迪多·波尔蒂纳里 (Candido Portinari)，他的死亡原因是颜料引起的铅中毒。波尔蒂纳里无视医生关于使用无毒油漆颜料的紧急建议。

如果含铅颜料造成了画家群体的高死亡率，可以想象，生产这些颜料的过程也极其危险。对于颜料生产行业和画家行业的关注，导致了铅白受到了越来越多的批评。如前所述，1921 年铅白在德国被禁止使用，但在美国直到 1979 年才被禁止。

如今，铅白已经不再在艺术创作或化妆品中使用。在拉斐尔时代，铅白曾作为白色粉末被广泛使用，不仅仅用于室内绘画。现在，几乎所有的艺术家都使用无毒的钛白作为白色颜料。虽然钛白没有同铅白一样的暖色调，也不能磨得那么细，但它是无毒的。这大概是从铅白使用史中得出的教训：当我们使用新的颜料时，一定要确保它无毒，这样我们就可以像石器时代的人们那样无忧无虑地自由作画。

尘埃与知识

通常情况下，尘埃是对知识的一种威胁。即使是一粒小小的尘埃也能够损坏存储了数百万条信息的硬盘，使其无法使用，这就是为什么硬盘要用多种过滤器来防止尘埃。但尘埃却不能与知识分开，因为尘埃与书写是相关联的。

书写是现代社会中传递知识最重要的形式。书写可以说是人类发明史中最重要的发明，其他发明主要是拓展了人类行动的范围和新的可能性，书写扩大的是人类的思想、记忆和想象力。书写是现代文明的基础，因为它使储存和传播知识成为可能，而且可以世代相传。

人们可以将文字刻在木头上，德语中的"字母"（Buchstabe）一词也是来源于这种习俗，这在日耳曼部落中很常见。但在木头上刻字相当麻烦，这就是为什么古代的日耳曼部落更多的是以饮酒而不是以教育闻名。

北欧字母① 比较容易刻在木头上，但这些信息的流动性比较差，知识的记录就失去了很大一部分作用，因为它的流通范围非常有限。只有那些碰巧路过的人才能发现。

可以移动的轻薄材料，如莎草纸或羊皮纸，更轻，因此更有利于知识的传播。在这些材料上，人们通常使用颜料比如炭黑或石墨来书写，有时，人们还会将颜料与黏性树脂混合，例如阿拉伯胶或樱桃树树脂，以更好地留存所书写的文字。

因此，哲学和地理学论文通常都是在莎草纸上书写，而数学和几何学最初甚至是直接画在尘土上的。在古代，尘埃与这些学科的关系非常紧密，一个没有学过数学的人可以这么说，我从未接触过这些学问的尘土。

还有一种理论认为，零，这个重要的，也许是最重要的数学符号，要归功于尘埃。例如，在哈佛大学任教的经济学家罗伯特·卡普兰 (Robert S. Kaplan) 就主张这一理论，他的论点如下：古代的数学家们通过在

人类与尘埃：爱恨交织

---

① 又称卢恩字母。——译者注

尘土上绘制表格来进行计算，这些表格有百位、十位和个位之分。然后用小石子来代表相应的数字。后来，人们使用算板，但还是利用到了尘埃，还能利用尘埃检查计算结果。算板上的石头被拿走后，就会留下圆形的印记，而这个印记，卡普兰认为，就是零的原型！然后，人们就会将这个圆形印记与尘埃这个虚无的物质联系到一起，带来了最重要的"0"的概念。

多么美妙的理论！虽然事实是否真的如此，我们无法查证，但有一点可以肯定的是，记录者常常要与尘埃打交道、作斗争。有一位伟人深刻地理解了这句话，他为我们留下了意义深远的文字，他就是约翰·格奥尔格·克鲁尼茨（Johann Georg Krünitz）。他是一位医生、哲学界启蒙运动者和百科全书编纂者。克鲁尼茨为确保知识不被遗失并得到传播做出了独一无二的贡献。他创立的《经济学大辞典》（*Oeconomische Enzyklopädie*）最终有 252 卷，其中自己编写的至少有 73 卷。他每天在书桌前坐 12 到 14 个小时，就在他准备"尸体"这个关键词时，他死去了。他的百科全书后来由其他人续写，具有非常重要的价值，因为这本辞典记录了当时的所有知识，我自己在进行科学史研究工作时，也常常查阅它。

这部伟大的百科全书还证明了书写过程中带来的尘埃问题有多大。人们往往不知道，即使是看似简单、不费力气的工作，比如在桌子前写字，也会带来风险。因为在那个年代，墨水需要相当长的时间才能干透，所以人们习惯于在完成的文件上撒上细沙。有专门的沙盘用于此目的。如果人们每隔几周才写一次，这种习惯肯定不会对人体造成伤害。但对于专业写作的人来说，情况就不同了。《经济学大辞典》记录了一位抄写员的阐述，他说，"在写作中，通常使用沙子或吸墨纸来使字迹干燥得更快。那些不得不整天待在书桌前，从而被迫不断伸手去沙盒里拿沙子的人，肯定跟我一样，会观察到，当撒落沙子时，只有较粗的颗粒，即小石头，落在纸上，但较轻的部分，即灰尘，则飘散到空气中，大部分都被我们吸入了体内。"

这位抄写员也注意到了自身的身体健康问题，发现了那些细小的灰尘是有害的，他讲述了他是如何由于每天使用沙盒，后来染上了严重的肺部疾病。在接下来的几年里，他咳嗽得越来越频繁、越来越严重，后期直接发展为永久性地咳嗽，这名抄写员因此无法工作。他的健康状态越来越差，尽管他得到了一个奇怪药方的帮助，食用由蜂蜜、薄荷、鼠尾草和狐狸肺制成的药。

当然，文章的结论是，这个问题的解决方法是尽可能少地在书写过程中使用沙子。毕竟，沙子不仅损害肺部，还损害眼睛，很多书写者都知道沙子带来的伤害。另外，沙子也会损坏家具。为什么不使用吸墨纸来代替沙子呢？为什么不开发快速干燥的油墨，这样就不再需要沙子了？随着时间的推移，快速干燥的油墨已经实现了。

然而，即使在现代，尘埃也伴随着书写，学校里使用石膏或粉笔作为书写材料。不仅仅是在学校里，铅笔以前也是有毒的，因为过去的铅笔中含有铅，但现在已经是无害的了，现在是由石墨制成的铅笔芯。

但我们仍要谨慎行事。复印机和激光打印机的工作原理是利用含碳的细小尘埃通过静电过程打印到纸上。

到目前为止，还没有任何研究证明激光打印机或复印机会带来任何具体的健康危害。但人们从200年前克鲁尼茨写的关于沙子的文章中学习到，要尽可能地减少接触激光打印机或复印机，比如将打印机和复印机放在单独的房间里，良好的通风，或者减少打印。在购买设备时，我们也要睁大眼睛挑选，一些打印和复印设备带有"蓝色天使"的绿色标签，这代表其排放量特别低。另外，我们应首选具有封闭式墨盒的设备，因为给墨盒补给的过程中更容易将粉尘释放到空气中，并且进入人体的肺部。

生活中的尘埃

不是在什么土壤中都能够种植作物，比如在裸露的岩石或沙子上，无论我们倾倒多少肥料都没有用。但有一种土壤非常适合谷物种植，那就是黄土。这在德语中是一个古老的南德语单词，意思是"松散"，这种土壤非常松散，可以用手指把它磨碎碾成一种细小的黄色粉末。现在，在保健食品商店，黄土作为治疗土售卖。

据推测，在农业发展的一开始，农民会寻找黄土用于种植，黄土不适于树木的成长，但对于草本植物却非常适宜。黄土中水的含量恰好是草本植物所需的水量，不多也不少，而且黄土中的营养物质也被充分混合。草本植物在黄土上茁壮成长，众所周知，所有类型的谷物都属于草本植物。这就是第一批农民对于黄土这么感兴趣的原因。另外黄土中没有石头，易于开垦，人们可以用简单的工具挖掘和耕作。幸运的是，这种土壤情况我可以在工作的地方奥格斯堡大学观察到。奥格斯堡大学环境学院的科学中心位于一个斜坡的边缘，这个斜坡高 10 米，我们可以看到在斜坡下的平原上，有人在种植小麦。我刚来奥格斯堡大学工作时，我以为这个斜坡是建筑施工过程中形成的，但后面我才了解到，原来这是自然形成的地形。这片地形的底部有非常多的砾石，是冰河时代后由莱希河（Lech）造成的，当时莱希河的流量非常大。老莱希河的岸边就是黄土，是一片农耕区。至今这片区域仍旧用于种植，未被开发成新的建筑区。这片土壤对于人类的意义，在奥格斯堡市考古学家塞巴斯蒂安·盖尔霍斯（Sebastian Gairhos）的引导下我才逐渐明白。

当时在奥格斯堡大学一片新的建筑工地上发现了一个新石器时代的定居点，这个定居点是在建地基的时候发现的。考古队赶来抢救性挖掘，他们用小铲子挖掘出这个遗址的面目。在被挖掘的地面上，人们可以看到曾经被打入的柱子的黑色印记。盖尔霍斯说："这里，在砾石土壤上，他们搭建了小屋用于居住，既可以避风，也可以比较简单地挖掘到水。在山坡上，是他们的庄稼，在黄土上，谷物长势良好。但如果把住所搬到田地中间，他们就很难汲取水，因为黄土很难保存大量的水，水会渗过黄土，积聚在砾石层。"

直到后来罗马人来到德国，他们才在黄土上定居。对罗马人来说，是否需要挖得很深，才能汲取水，并不重要，因为这项工作由其他人来承担。对罗马人来说，最重要的就是找到黄土。许多罗马人的城市，比如科隆（Köln），就是位于黄土平原附近。

奥格斯堡南部的黄土平原，几万年前，新石器时代的农民曾经在其边缘定居。这片黄土平原形成于大约 7.5 万年前的最后一个亚冰期。当时，从冰冷的阿尔卑斯山脉吹来非常猛烈的风，风吹来了大量沉积在冰川下的细小岩石尘埃。这些岩石尘埃是经年累月由冰川磨蚀而成，它们沉积在山脉的边缘地区，比如山脊和山脉的下风侧，就像在家里尘絮通常都集聚在墙壁附近、床底抽屉等地一样。在这些多尘的土壤上生长的草，阻止了尘埃的进一步移动，植物的根系牢牢地抓住了这些尘埃。成群的大型动物在草地上活动，偶尔会在黄土中发现动物的骨头或牙齿。草地像一张生机勃勃的地毯，尘埃在其中不断增长，有时能够达到几米厚。

土壤是由风吹来的尘埃形成的，这听起来不太可能，但事实上的确存在。我们在庭院的车库屋顶的避风一侧就能观察到微型土壤，城市中大量的尘埃在这里沉积，很快这里就会长出苔藓，而苔藓又会收集更多的尘埃，尘埃就这样越积越多，成为能够种植草木的土壤。二十年来，这里只产生了几毫米的土壤，但如果这个过程再持续两万年，它将增加到几米。

黄土不是由岩石风化而成，而是来自空气，如果用专业术语来表达，黄土是由风而形成的沉积物，没有任何石头。

所以黄土特别适用于农业，黄土是全世界谷物种植的首选土壤种类。时至今日，对养活人类，特别是对人类的谷物供应至关重要的地区都是黄土土壤。这些地区包括历史上的北美大平原、南美的潘帕斯草原、中国北方的高原以及从比利时延伸到乌克兰西部的中欧黄土区。

无论在哪里发现这类土壤，都可以肯定这是一片古老的过去人类居住的场所。从最早的农业时代开始，人们就对良好的土壤非常敏锐，识别出良好的土壤对耕作的农民来说至关重要，黄土上的农作物产量远远超过其他土壤。

奥格斯堡南部的黄土土壤区位于莱希河（Lech）和韦尔塔赫河（Wertach）之间，现在已经被耕种或犁过，其边缘杂草丛生。只有一个地方可以看清它的结构，即在博宾根（Bobingen）附近的劳特砾石坑。在那里，人们可以清晰地看见黄土层，黄土层的底部与砾石融为一体。与沙子截然不同，砾石具有惊人的稳定性，这是因为砾石是由有棱角的颗粒组成的。这些颗粒卡在一起，防止陡峭的山坡坍塌。岸边的崖沙燕和食蜂鸟在上面定居，有见地的砾石矿主劳特先生严格地保护着这片区域。鸟儿们在这种土壤中建造它们的洞穴，从而表明这块区域也是非常合适的栖息地，因为黄土干燥温和。可以想象，在早期，人们也居住在这样的洞穴里。在中国最大的黄土高原上，在黄土里凿洞而居的住所至今仍很常见，在那里的居住环境中，尘埃不是靴子里一颗让人不适的石子，而是一条需要脱下靴子走的石子路，因为他们的住所就是由尘埃组成的。

大约在 100 年前，人们开始知道黄土土壤层是非常脆弱的。美国地质学家戴维·蒙哥马利（David Montgomery）在对美国中西部事件的叙述中说明了这些问题。在美国中西部有大片的平原，最初平原上只有成群的美洲野牛，随后美洲原住民来到了这片区域。美洲野牛在平原上奔跑时，也在为这片土壤施肥并改善土壤结构。草原非常适用于放牧。草原上的植物根系发达，植物很大一部分位于地表以下，一方面植物强大的根系可以很好地固定土，另一方面如果天气太热，地表以上的植物叶子枯萎，但地表以下的根系仍能继续维持植物的生命。然而，在19世纪末，白人定居者进入该地区。作为补偿，东海岸的居住区提供给了原来居住在这里的部落。白人开始用犁开垦土地，起初这并不容易，因为草原上植物的根部形成了很大的阻力。但随着约翰·迪尔（John Deere）成功地发明了新的犁，开垦耕作取得了进展。因此，越来越多的土地被开垦，成为可耕地。

但很快就有人发出警告，这些非常干燥的地区实际上并不适合密集的农耕作业。不过这一理论并没有占上风，因为通过开辟农耕地所获取的利润太可观了。1933年11月，一场大风暴席卷了南达科他州（Süd-Dakota）。在那一天，一些农田的表面土壤被吹走。五个月后，另一场风暴吹过南达科他州和北达科他州（Nord-Dakota），其强度之大，连距离非常远的城市都受到了影响，黄土遮天蔽日，如果把落在芝加哥的尘埃按当地人口数平分的话，每个人能分到 2 千克。从大西洋上仍然能看到天空中大片的尘埃云，被吹起的尘埃落到了很多城市，造成了大量居民窒息、牲畜死亡的事件，甚至遥远的纽约市也笼罩上昏黄的泥沙。人们呼吸着来自 5000 多千米以外的土壤。当时有 300 多万人不得不离开大平原，他们成了环境难民。这一现象后来被称为"沙尘暴"，并对富兰克林·德拉诺·罗斯福（Franklin D. Roosevelt）的政策产生了决定性的影响，即罗斯福"新政"。罗斯福在 1936 年 9 月 6 日说："我看到了九个州的破坏。我与那些失去了小麦、玉米、牛的家庭交谈，他们失去了井水，他们的花园被摧毁了……"罗斯福立即制定了一项基于科学原则的政策。除此之外，还启动了"庇护带"项目，即在农田周围种植树木，形成树篱和林荫道，一方面用以抗击干旱，另一方面也降低风速。到 1942 年，人们已经种植了 2.2 亿棵树，今天这个项目仍然被认为是美国应对环境问题的最成功和最坚决的措施之一。沙尘暴也成为了美国集体记忆中印象最深刻的环境问题。

在其他地方，深耕细作和密集使用也会造成越来越多的黄土流失，因为黄土是由细小粉末组成的，在长期干旱之后，很容易随风飘散。干旱随着气候变化越来越频繁，所以一些地区的沙尘暴很可能会卷土重来。

正义的尘埃

在歌德写于1797年的诗歌《年轻贵族与磨坊女》（*Edelknabe und Müllerin*）中，我们看到了一位"贵族青年"试图勾引一位美丽的磨坊主妻子。穿着高贵的深色衣服的贵族纠缠着美丽的磨坊主妻子，对她甜言蜜语，甚至还要求她嫁给他：

"你能在我怀里休息吗？"

美丽的磨坊主妻子粗暴地回答：

"不可能！

谁亲吻了磨坊主的妻子，

马上就会显露出马脚。"

如果磨坊主妻子与年轻贵族亲吻，必定会在年轻贵族深色的衣服上留下白色的痕迹，这将暴露他们的行为。有可能，这位美丽的磨坊主妻子并不排斥一次调情，但必须要多加小心，不要泄露踪迹。这首诗以美丽的词句结尾：

"我喜欢这磨坊里的人；

这里什么都不会腐坏。"

磨坊里的工作者不断地碾磨面粉，满身灰尘。如果犯罪学家读到了歌德这首诗歌，将会发现磨坊主妻子提到的这个原则也是他们研究犯罪人员最基础的方法。犯罪学的起源可以追溯到一位叫埃德蒙·洛卡德（Edmond Locard）的法国刑事学家。他没有写诗，而是写了一篇非常有影响力的论文《犯罪调查及其科学方法》，该论文于1930年用德语出版。在文章中，他提到了尘埃留下的痕迹的作用，"犯罪现场留下的痕迹是唯一从不撒谎的沉默的证人，我们只需将它搞清楚。"洛卡德本来是一位律师，在法国里昂市工作。在里昂，他建立了"警察实验室"，致力于研究"沉默的证人"，并让它们开口"说话"。

书中提到的最重要的沉默的证人之一就是尘埃。无论是从犯罪现场发现的尘埃，还是从嫌疑人身上搜集的尘埃都是重要的沉默的证人。将犯罪嫌疑人的衣服抖一抖、翻一翻，证据就会扑面而来。洛卡德写道："口袋里的灰尘是最有趣的：它包含了穿着这件衣服的人所做的一切。在一起谋杀案之后，人们能够在其中发现微小的血迹，即使其他地方的所有污渍都被仔细清洗掉了。"即使罪犯们保持沉默，尘埃也非常渴望提供信息，只要人们理解它的语言。

在犯罪现场留下的尘埃类型中，最特殊的是纺织品的尘埃。关于纺织品的尘埃，洛卡德写下了一句著名的话："作案人作为一个物质实体在实施犯罪的过程中总是跟各种各样的物质实体发生接触和互换关系"。这句话后来被概括为洛卡德交换原理，如果有接触就会有物质交换。无论人们触碰什么东西，都会留下尘埃，即使他采取了很多措施避免。歌德诗中的磨坊主的妻子很早就意识到了这一点。

如今，犯罪学家发现的不仅仅是一些细小单个的颗粒，而是大量的尘埃颗粒，尽管犯罪者很小心地掩盖着他们的踪迹。因此，洛卡德建议先寻找纤维的痕迹，他说："人们会在其中（即在尘埃中）识别犯罪者是否戴着斜纹手套、亚麻手套，或者穿着草编拖鞋和袜子等"。

尽管今天的犯罪者很少穿草鞋，但在法医的纤维收集中仍然可以找到草。在威斯巴登的联邦刑事犯罪调查局（BKA）的纤维收藏中就有草。BKA 的"法医科学"部门的工作人员致力于通过显微镜研究细微痕迹。他们的工作是阅读尘埃。为此，人们需要一本字典，否则通过显微镜观察到的一切都只是一堆纤维和碎屑。在犯罪学中，使灰尘说话的关键是参考文献集。这意味着，每一种类型的纤维，每一种可以在灰尘中找到的颗粒，都有样品标本，可以进行鉴定。还有特殊的比较显微镜，可以将样本中发现的颗粒，即证据对象，与文献集中的颗粒进行比较。尽管现在计算机可以帮助鉴定，但参考文献集仍然是最重要的基础。在文献集中，纤维痕迹的数量是最多的，因为纤维最容易被发现，也因为纤维本身的数量就有很多，特别是合成纤维。在服装纺织品、家用纺织品、技术纺织品以及汽车纺织品中，目前只使用了 30 种天然纤维，而人造纤维的种类约为 4000 种。无论这些纤维是人造的还是天然的，都被收集在 BKA 中。动物毛发的收藏也令人印象深刻，在一个悬挂式的文件中储存着所有常见家养动物的毛发样本，比如所有品种的狗和猫。

当然，人的头发对于犯罪学家来说也非常重要。因为现在不仅可以从掉落的头发中提取 DNA，还可以从被扯掉的头发中提取 DNA。虽然头发的直径只有几分之一毫米，而且几乎没有重量，但即使是一根头发就足以对犯罪者定罪。每年德国联邦刑事犯罪调查局都要调查 200 起犯罪案件，这些案件中的犯罪者至今仍逍遥法外，只因在犯罪现场没有找到一根头发。

在犯罪现场发现的尘埃颗粒还有枪击烟雾颗粒。这些是火器发射时产生的颗粒，它们具有某些类型的弹药的特征。它们就像其他尘埃一样粘在枪手的衣服或手上。通过显微镜可以观察到这些颗粒，并判断枪手使用的武器。根据受害者衣服、皮肤上或其他能够发现枪击残留物的颗粒，可以精确地确定开枪的距离。

烟雾颗粒和纤维只是许多日常和非日常房屋中常见的两种尘埃，是法医学常常要关注的两种物质。在犯罪现场发现的昆虫也有助于破案，这就是为什么德国联邦刑事犯罪调查局的法医科学部也雇用了昆虫专家，当然还有花粉专家。因此，在德国联邦刑事犯罪调查局，洛卡德在 100 年前提出的要求已经得到了实现，即"组建中心，将各种专家聚集在一起。"

今天，德国联邦刑事犯罪调查局的法医部门就像尘埃一样多样化，在那里我遇到了物理学、化学、语言学、植物学和心理学的专家，而他们跨越了学科界限一起工作。他们比许多科学院更快速和坚定地实现了跨学科合作，也许是因为一起解决犯罪问题比解决科学问题更容易产生凝聚力。

「尘埃」 爱恨交织的微观世界

在威斯巴登绝对不存在的是不同面粉的混合。但每个人，不仅仅是磨坊主，都会随身携带个人云，并留下尘埃颗粒，当被精通尘埃的人发现时，它们透露的信息，会比你想象的更多。

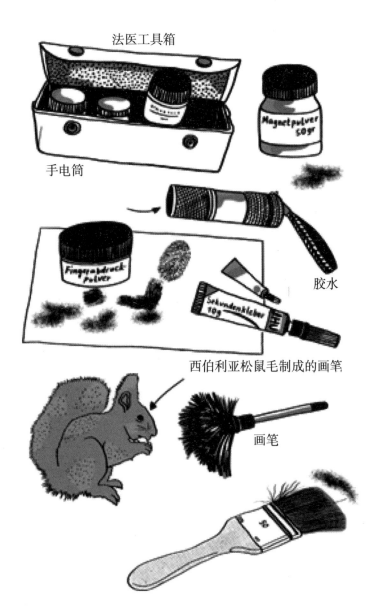

法医工具箱

手电筒

「尘埃」爱恨交织的微观世界

胶水

西伯利亚松鼠毛制成的画笔

画笔

歌德与尘埃

我们上文已经提到了歌德的尘埃思想，现在我们来详细地讨论这个话题。任何一本有关于尘埃的书，如果没有提到约翰·沃尔夫冈·冯·歌德对尘埃的看法，都不能算作是完整的。

虽然有人会问：尘埃与诗歌和文学有什么关系，但事实是，尘埃一直是诗人和语言艺术家感兴趣的东西，因为它是能够想象到的最小的叙事主题，在它之后，是一片虚无。

在古典时代盛行一种艺术练习，叫作矛盾性的演讲（enkómion parádoxon），在这个过程中，演讲者选择最不恰当、最琐碎、最无聊的主题进行演讲。他的主题越是接近"无"，就越能够锻炼和展示演讲者的技巧，因为当他仍然可以成功地娱乐大众时，就会更加令人惊讶。因此，罗马皇帝马尔库斯·奥里略（Marc Aurel）的修辞学老师弗朗托（Cornelius Fronto）推荐了关于尘埃和烟雾的演讲，还就如何演讲给出了实用建议。

一直到现代，除了写伟大人物或伟大事件这样有价值的题材外，还有一个小传统，至今仍然存在，诗人和作家会歌颂不起眼的东西，并赞美它，比如说跳蚤、雪花或者尘埃。

特别是在歌德的作品中，尘埃不只是作为不起眼的角色出现，而是直接关联着歌德的世界观的核心。尘埃表现了歌德对生命和死亡的思考，以及他对人类生活和自然的想象。

"记住要活着！"（Vivere memento!）是歌德常说的一句话，他喜欢把这句话与更著名但略显压抑的"记住死亡"（Memento mori）形成对比。任何对死亡的渴望和对死亡的浪漫主义对于歌德来说都是陌生的，歌德也从来不了解关于浪漫主义的事件。歌德不仅避免以任何方式将死亡浪漫化，更不会用任何词汇"雕琢"死亡。正如歌德所说，他在生活中不会给死亡留有任何位置，而是坚信存在主义和现世。他不去看望临终者，即使是好朋友，歌德甚至不参加妻子克里斯蒂安娜（Christiane）的葬礼，但他无疑是爱她的。

不仅是死亡，任何可能联想到死亡的符号都让他感到厌恶。首先，当然是基督教的十字架。他不明白这样一个折磨人的工具怎么会成为宗教的核心象征。他在 1782 年 7 月给他的朋友拉瓦特（Lavater）写信时说，虽然他不是反宗教主义者，但他的确不相信宗教。

因此，歌德重新解释尘埃，也就不足为奇了。尘埃是基督教中短暂和死亡的象征，也就是说，尘埃不仅是作为万物的终结，更是新的创造的开始。在《西东诗集》（*Westöstlicher Divan*）中，他以自己的方式改编了波斯文学，同时也写下了精彩的爱情诗，以此见证当时 65 岁的他与玛丽安·冯·维勒默 (Marianne von Willemer) 的恋情。尘埃在歌德的作品中常常受到赞美。

有时，歌德将热烈的辞藻转向了被他心爱的人触摸过或从她的影子上经过的微小信使——尘埃。尘埃就不再是干燥、灰暗和阴郁的物质。在歌德的诗歌中，人们在尘埃中感受到了到处萌发的生命，在《一辈子》这首诗中，最后两节写道：

"当所有的雷声轰鸣，

天空中处处在闪耀，

风中的野尘，

被润泽到地面。

顿时，有个小生命涌现出来，

履行着神秘的工作，

它咕哝着，它变绿了，

在尘世间。"

在这首诗中，歌德让我们想起了炎炎夏日中，大大的雨滴落在干燥的街道上时，那种强烈的、干燥的雨水的味道。歌德发明了"gruneln"这个德语单词，这个词在德语中没有沿用下来，但却以一种美丽的方式表达了新生命的开始。咕哝（gruneln）：有什么东西在蠢蠢欲动，有什么东西在变绿，有什么东西在生根发芽，在无声无息中，散发出一种初生的生命的气息

神圣的女修道院院长圣希尔德加德·冯·宾根（Hildegard von Bingen）在她的著作中以一种类似的表达方式描述了事物中的绿色力量（viriditas）。而歌德正是在被雨水"打湿"的炎热夏天的尘埃中感受到了这种力量，他闻到了夏日雨后街道上充满生命的气息。

"你用爱坚守自己

无论是闪亮的，还是暗淡的。"

歌德用这些诗句描述了人的位置，他看到人站在明亮和黑暗的光线的交界处。浑浊是人类生活和奋斗

的基调。歌德知道，这不是一种困扰，在这交界处，人们可以获得更多。昏暗使过度明亮的光线变得柔和、美丽。

尘埃使世界更有魅力，朦朦胧胧的，更加迷人，就像面纱使美丽的脸庞更加迷人一样。浑浊，充满着无数细小颗粒的大气，是人类生活的地方。人们可能会被众多的尘埃颗粒所烦扰，尘埃干扰了我们清晰的视野，给事物罩上了一层朦朦胧胧的滤镜。在歌德看来，浑浊不仅软化了世界的硬线条，也是所有色彩的起源，因为色彩是明暗交融的结果。黄色和蓝色以及其他所有的颜色都是通过三个原色调和产生的。这就要说起歌德的色彩理论，在这个理论中，尘埃起着非常重要的作用。

众所周知，《色彩论》是歌德涉猎领域最广泛的作品，这部作品歌德花费了数十年。如果不写《色彩论》，他可以再写六七部戏剧，他自己曾经这样计算过。然而，歌德从来没有为书写了这个领域的作品而感到后悔，相反，他对自己的《色彩论》感到非常自豪，他经常说，他对自己的诗歌作品没有什么期望，但是如果《色彩论》中的内容被证明是正确的，他会非常骄傲。1832 年 3 月 22 日上午，也就是他去世的那一天，他让儿媳妇奥蒂莉（Ottilie）给他带了一个文件夹，想和她一起探讨色彩现象。

在歌德的色彩理论中，色彩来自光明与黑暗的斗争。他基本上拒绝在实验室实验，而是在室外进行研究：

"朋友们，逃离黑暗的房间吧，

在没有丝毫光线的地方，

带着最悲惨的哀叹

悲哀地弯下腰。"

在这个过程中，歌德发现了两个"原始现象"，这两个现象都与尘埃有关。歌德说，如果人们透过浑浊的介质向光源的方向看，它不再是白色的，而是黄色的。如果透过浑浊的介质向黑暗中看，它就会出现蓝色。这一观察很容易就在天空中得到证实。傍晚时分，太阳的光线照射在多云的大气层中，发出黄色到红色的光芒。人们如果直接仰头向上看，就会看到天空的蓝色，但在山上，我们看天空的话，天空的颜色就会呈现出黑紫色。大气层的颜色就是在光明与黑暗的交融中衍生出来的。黄色和蓝色是对立色。歌德在关于"色彩的感性、情绪效应"中说道，黄色使我们欢快，而蓝色是一种让人忧郁的颜色。蓝色是由暗淡调和的黑暗，黄色是由暗淡调和的光明。

即使在他生命的最后几年，甚至在他生命的最后一天，歌德仍然对这些现象念念不忘，他的知己约翰·彼得·爱克曼（Johann Peter Eckermann）提道，在冬天和歌德一起开车时，他们观察到，由于冬天的雾霾，阳光下的景色是黄色的，夜晚的景色是蓝色的。歌德在他的日记中写道："爱与恨，希望与恐惧，也只是我们多云的内心的不同状态，通过这些状态，精神要么朝向光明，要么朝向阴影"。因此，爱和希望与黄色有关，恐惧和憎恨与蓝色和紫色有关。充满爱的人通过昏暗看向光明，充满仇恨和恐惧的人看向黑暗。

这样一来，情感的原始现象也在某种程度上与昏暗、光明和黑暗有关。歌德在他的戏剧《浮士德 II》（*Faust II*）中写道："通过色彩的反射，我们拥有了生命"。这意味着：人们不能直视阳光，但生活中充满了通过折射而变得柔和的光线。对歌德来说，色彩的美来自于此。

歌德的色彩理论包含了无数准确的观察结果，至今仍令人赞叹。但在物理学中，歌德的色彩理论却不那么受欢迎，因为他认为他的色彩理论是唯一正确的，而追随牛顿的物理学家的色彩理论则完全错误。歌德拒绝在实验室中隔离干扰因素，他想在户外研究明、暗以及颜色，只有这样才能显现出它们与生活的联系。

事实上，歌德的《色彩论》并没有开创物理学的新纪元。但很多艺术家在创作时都提到了歌德的色彩论。色彩论中说道，只有大气中浑浊的尘埃才会带来光线的美和变化。对于我们人类和所有生物来说，大气层软化了太阳无情的、苛刻的、危险的辐射光。如果没有大气层，天空将是一片漆黑，太阳则过于耀眼，我们只能看到在黑暗的天空中，一颗刺眼的太阳闪闪发光。只有朦胧的大气才能使太阳光变得美丽而多变。正是通过大气层，我们的天空才是晴朗的，晴朗就是指合适的阳光。而尘埃在晴朗的天空中起了关键性作用。

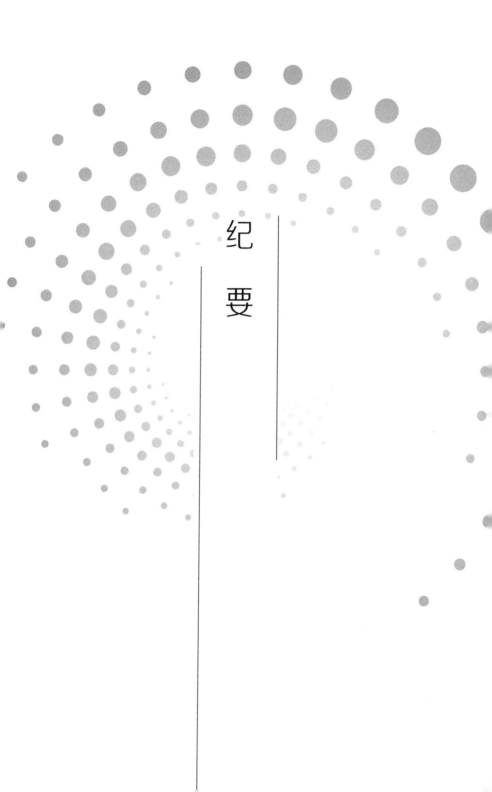

纪

要

尘埃的未来

在卡尔·马克思（Karl Marx）离世后出版的《资本论》第三卷中，他提出了一个概念，即"生产和消费的废料"。一方面，他是指，工业和农业产生的废料，生产任何一件有用的东西时，都会随之产生些无用的东西，这一点在采矿业中体现得淋漓尽致：锻造金属锭时，会生产出一堆堆积物、矿渣和被污染的水。当物品被使用或者消耗时，又会产生废物。而最重要的是，有些东西只被使用了一次就被扔进了垃圾桶。不过即使是重复使用，也会慢慢产生"废料"。在马克思时代重复使用非常普遍，但在今天，重复使用已经慢慢被人们所淡忘。衣服会掉线、变得松垮，最后变成破布，在生产和使用的地方都会有废料产生。卡尔·马克思还相信，随着工业生产方式的不断发展，所有的废料都将会成为新产品的一个组成部分，最终将不再有任何废料。

作为这种理想的一个例子，他列举了所谓的魔鬼粉尘。魔鬼粉尘是纺织生产中积累的尘埃，最终被加工成质量较差的纺织品，如垫子，或者也被用作肥料。马克思还赞扬了化学工业，因为通过化学工业，人们能够将有毒废物生产成新产品，并提供给大众使用，例如在煤炭加工过程中产生的焦油，曾经焦油不得不被处理掉，但后来，焦油能够提炼出昂贵的染料。如果我们把这种发展延伸到未来，那么循环经济的愿景就会出现，这是一种不再有任何浪费的经济活动形式，一切都被利用。

在循环经济中，马克思设计了他所倡导的理想社会的概念，正如他理想中的共产主义社会，一个没有压迫、没有剥削、没有劳动折磨的完美社会秩序得以实现一样，他在循环经济中构建了一个没有尘埃、没有污水、没有废物、没有剩余的世界。没有一个原子丢失，一切都被反复使用，在完美的循环中，直到无限。

热力学第二定律，即熵，这个地球上的无序状态，趋向于最大值，也就是说，有些东西不是偶然失去的，而是必然失去的，这个理论在 1860 年才被提出来，而且普及得很慢。直到 1900 年左右，才出现了第一批以普通人可以理解的方式解释熵的规律的著作。

英国物理学家查尔斯·珀西·斯诺（Charles Percy Snow）是这样解释热力学第二定律的：人们不可能赢。没有平局。人们甚至不能退出游戏。或者就像我们一开始说的那样：毛衣会掉绒絮，但绒絮无法再形成毛衣。

因为只要从无序的结构中制造出精细的产品，例如从矿石、沙子和原油中制造出智能手机，无论人们如何努力避免废料的产生，都不可避免地会产生泥浆、烟雾和尘埃等废料。而人们也无法从这种精细分散的尘埃中做出什么。

在过去，经济学提出了"副产品"的概念，即那些人们通过生产某种商品而必然共同产生的东西。最普遍的副产品是尘埃。例如，生产一辆电动汽车时，必然会产生一大堆尘埃，即熵增，还有一大堆废气、污水和废物，这些比产品的重量还要多几倍。人们常常用生态负担（Ökologischer Rucksack）来描述。俗话说：不打破鸡蛋就不能做煎蛋。任何东西的生产都会有浪费。我们使用的产品越复杂，其制造过程中产生的剩余物就越多。

人们可能会问，如果熵的规律是普遍存在的，那么自然界现在应该充满了污垢和尘埃。但这里人们忘记了，在数千万年的过程中，自然界的生物是以这样一种形式共同成长，即一个生物利用另一个生物的排泄物。在自然界中，的确也存在剩余的东西，但数量非常少。因为一切都在循环，这是在几千万年的循环中实践和优化的。动物吃植物，而它们的排泄物使植物得以生长。但还有一个重要的原因。动物和植物只吃其机体能消化的东西，所以它们的排泄物是可控的。然而，自从人类学会用火后，除了体内新陈代谢的废料外，还有利用火的过程中产生的废料。在某些情况下，火可以消化很多东西，并产生相应数量的废料。开始时，火产生的废料并不多，即一些灰烬，一些碎屑。但其中一种废料是以千兆吨，数十亿吨来计算的：排放至空气中的二氧化碳和细小的尘埃。不计其数的火灾，导致了大气中二氧化碳的浓度每年都在增加。另外，利用火生产物品还会产生煤渣、污水和废气，生产出来的物品，如果人们不再使用，也会被当作废料丢进垃圾桶。

与自然生态系统相比，在我们的人造系统中，几乎不可能以经济合理的方式重新使用所产生的所有废料，而且这些废料往往不能再被生态所循环利用，自然界的生物体无法消化它们。更重要的是，我们释放了过多的废料到自然界，即使这些废料是无害的，但过多的数量也对大自然造成了伤害，比如丢弃过多的塑料，在北极都已经发现塑料的碎屑了。奥利弗·施劳特（Oliver Schlaudt）在文章《垃圾哲学》中写道："人类打开了通往有毒世界的大门。恶魔与天使集于一身的尘埃在等着人类。"

然而我们不能停止这一切，开始生产生态友好型产品吗？法国作家吉恩-吕克·庫德雷(Jean-Luc Coudray) 在他的《废弃物世界的哲学指南》中提醒我们，任何产品都不可能像不生产那样环保，这听起来可能有点儿夸张，但事实上，最环保的行为的确是循环使用已有的物品。因此，那些想减少地球垃圾的人，会尽量选择公共交通工具，购买二手物品，尽可能小心地使用自己的物品，延长它们的使用寿命。

欧洲以及世界其他各地的许多公司和消费者都在努力追求这种环保的生活方式，通过这种方式保护资源和生态系统，有利于他们以及其他人的健康。另外，经济也应可持续发展，联合国将可持续发展列为目标之一。但是更多的经济增长意味着更多的商品，而更多的商品不可避免地要产生更多的废气、废水和其他垃圾，特别是某些商品还需要通过燃料或电力来生产。因此，就会产生更多的尘埃。

现在欧洲的许多商品都不再是在欧洲生产制造，而是在亚洲，所以上述这一规律有可能被欧洲居民所忽略。如果人们来到生产制造场所，人们很快就能发现，附近有成堆的垃圾，风吹来的空气也不再洁净，地下水也不再干净，空气中充满了尘埃，这些就是生产的后果。

越来越快的全球化趋势也贡献了大量的尘埃。运送到世界各地的植物、动物以及到各地旅行的人，都携带着大量的尘埃，他们的毛发、飞沫、孢子和病菌漂浮在他们周围。大量的迁徙促进了尘埃数量的增长，正如新冠病毒大流行期间，新冠病毒也以人类无法想象的速度迅速蔓延开来。

除了全球化，还有气候变化，也对尘埃造成了影响。正如前文提到的，在 2018 年，全世界使用的大部分能源仍是不可再生能源，约占 90%。利用不可再生能源的生产方式通常是通过燃烧过程，如煤炭、天然气、石油或垃圾燃烧，在这个过程中，除了能源和尘埃之外，还产生了二氧化碳，就像森林、草原发生火灾时一样会产生大量的二氧化碳。二氧化碳使大气层的温度升高。然而不幸的是，没有任何迹象表明，二氧化碳排放的速度在放缓。只有在新冠疫情大流行期间，二氧化碳的排放量有所下降，但现在下降的二氧化碳排放量已经被弥补了回来。四十年来，许许多多的全球气候政策、宣言和决议，都没有带来任何成果。

因此，全球变暖的趋势不会停止。我们最先看见的，将是北极周围海域的冰层逐渐消融，先是夏季，然后是全年无冰。然后地球的面貌将发生变化，从宇宙中看我们的地球，将会发现原来白色的北极变成了蓝色，因为北极的冰雪已经全部消融了。全球的气候区也将会发生变化，比如说德国的气温将继续升高，冬天的雪会越来越少，夏天也会越来越干燥。

虽然到目前为止，欧洲中部还没有任何迹象表明降水总量在减少，但整体的降水分布在变化，降水分布越来越不均匀：出现了越来越严重的干旱和暴雨事件。温度越高，空气中所能够吸收的水分就越多，温度高出 1 摄氏度，空气中可吸收的水分含量就高 7%。这就是为什么在高温下空气中的水蒸气需要更长的时间达到饱和程度。但当空气中含水量达到饱和时，真正的暴雨就要从天而降。这样的情况越来越多，这也导致了尘埃数量的增加。长期干旱时，土地干燥，一阵强风吹来，尘埃就从地面漂浮到空中。在德国某些地区，已经在非常干燥的夏天出现了沙尘暴天气，而且预计沙尘暴天气会越来越频繁。森林火灾也越来越频繁，美国的森林火灾频发的时期也越来越长。森林火灾是林业的灾难，也对自然环境产生了巨大的破坏，而且，森林火灾也是有害的尘埃来源，火灾产生的浓烟会在空气中飘浮很长时间，直接或间接地对人体健康造成的伤害。

大自然中尘埃的总体情况大致是这样。但当我们将目光投向城市，情况就不同了。在城市中，人们采取了许多措施消除尘埃，这有利于我们的身体健康。驾驶汽车，除了轮胎磨损外，发动机也在不断制造烟雾，污染空气，但随着电动车的普及以及内燃机的逐步退出，汽车尾气作为城市中尘埃的一大来源正在不断减少。但是，越来越多的人在冬季使用生物材质的颗粒以及木材取暖，比起使用天然气，这样产生的尘埃会更多。所以，在城市中减少尘埃负荷仍然是一场艰难的斗争，但我预计在未来几年和几十年里，总体上会有进一步的好转。

从地球到城市，我们每个人的家里都会有尘埃，我们可以通过清洁和吸尘来减少尘埃，指望某一天世界上能出现一种在拍手之间就能收集和处理所有尘埃的设备是不现实的。人们对抗尘埃的行为一直在进行，到目前为止，清洁尘埃的设备越来越多、越来越复杂，但至今仍没有哪一样设备能够完全清除尘埃。比如在空气不断被过滤的研究室和实验室的无菌室，甚至连进入其中的工作人员也必须穿着特殊的防尘服，这些防尘服可以使工作人员和整个房间都不受尘埃的影响，即便如此，那里的空气也不是完全没有尘埃。虽然大多数尘埃都属于废料，但尘埃在现在以及将来都是我们人类生活中不可缺少的物质，而且尘埃也不可能完全消失。

然而，尘埃一直在改变，因为我们的生活也一直在改变。我们使用越来越多的合成纺织品，这些合成纺织品基本上都是由塑料制成的，如今也能够在尘埃中发现塑料的颗粒，而且全世界各地的尘埃中都能够检测出塑料的颗粒，有时所含塑料的浓度超出了我们的想象。

尘埃的存在是人类生活的常态。即使是山顶洞人，当一缕阳光照进他们黑暗、充满烟火的住所时，他们也会观察到尘埃，甚至这种奇怪、无声和细小的尘埃颗粒的舞蹈会令他们着迷。即使有一天，人类离开了满目疮痍的地区，试图去一个遥远的星球上建立新家园时，尘埃也会伴随着人类的脚步。仅仅是因为这样，我们人类也不应该把它当作可恨的敌人，而要与尘埃成为朋友，它在自然界中不可或缺，是与我们常常保持联系的朋友，它在自然界创造了最美丽的艺术作品。尽管尘埃如此之小，或正是因为尘埃如此之小，人们才有了关于尘埃无穷无尽的故事。

「尘埃」爱恨交织的微观世界

参考文献

以下附有注释的书籍和文章并不完整。在概述中列出了较易查阅到的文献，在随后各章的参考书目中，会有更多具体作品可供参考。

概述

- 伊恩·柯拜克 (Ian Colbeck)，米哈利斯·拉扎里迪斯（Mihalis Lazaridis）:《气溶胶科学——技术和应用》，威利出版社（Wiley VCH），2014。这部综合著作提供了关于本书讨论的许多主题的评论文章。

- 洛塔尔·加尔 (Lothar Gall)，汉斯 - 彼得·霍尔蒂格（Hans-Peter Hortig）（编）:《无菌室设计》第二版，修订和扩充版，柏林，海德堡，纽约：施普林格出版社（Springer Verlag）。这里从相反的角度，即通过无菌室明确了尘埃的特性。

- 康斯坦丁·西格曼（Konstantin Siegmann）:《人与火 从旧石器时代到"全球变化"》，出版于：苏黎世自然科学协会季刊，2002，147/2，pp.63-71.

- 文献网址：https://www.ngzh.ch/archiv/2002_147/147_2/147_15.pdf (19.6.2022)。这篇文章以通俗易懂的方式，讲述了健康与尘埃的研究历史。

- 奥利弗·施劳特 (Oliver Schlaudt)：《集恶魔与天使于一身的尘埃》，这篇精彩卓绝的文章提出了有关垃圾的问题及相应措施。

- 文献网址：https://www.merkur-zeit schrift.de/2021/10/25/muell-philosophie-des-teufels-staub- und-der Engel-anteil/。(19.6.2022)

- 另见奥利弗·施劳特 (Oliver Schlaudt)：《经济的背景》. 美因河畔法兰克福（Frankfurt am Main）：克罗斯特曼出版社（Klostermann）2016.

- 延斯·松特根（Jens Soentgen），克努特·沃兹克（Knut Völzke）（编）：《尘埃——环境的镜子》。这本书是配合我们的展览"尘埃——环境的镜子"而出版的。就我看来，它仍然是关于尘埃最全面的、易读的论文集。虽然它已经绝版很久了，但它仍然有电子书，也可以在奥格斯堡大学图书馆的网站上免费获得：https://opus.bibliothek.uni-augsburg.de/opus4/frontdoor/index/index/docId/294 (08.07.2022)。

- 延斯·松特根（Jens Soentgen）：《与火的约定 改变世界盟约的哲学》，柏林（Berlin）：马特斯 & 塞茨出版社 2021。这本书的主题是火，与尘埃有关，因为人造的火可能是全球最重要的尘埃来源。

- 延斯·松特根（Jens Soentgen）：《从星星到露水 通过自然的发现之旅》，伍珀塔尔（Wuppertal）：彼得·哈默出版社（Peter Hammer Verlag）。本书多次涉及尘埃，特别是有许多尘埃实验，例如第 297-313 页，第 337-357 页（关于细菌）等。

- 奥特马·普赖宁（Othmar Preining），E. 詹姆斯·戴维斯（E. James Davis）（编）：《气溶胶科学史专题讨论会论文集》（*History*

「尘埃」爱恨交织的微观世界

of Aerosol Science. Proceedings of the Symposium on the History of Aerosol Science）。由奥地利科学院出版，维也纳，2000 年。据我所知，这部作品是唯一全面介绍气溶胶研究历史的（近期）著作。

- 伯纳迪诺·拉马齐尼 (Bernardino Ramazzini)：《工匠的疾病》。由保罗·戈德曼（Paul Goldmann）从拉丁文翻译。维尔茨堡（Würzburg）：科尼格斯豪森 & 诺伊曼出版社（Königshausen und Neumann），1998 (Modena 1700)。这部职业医学的经典之作涉及许多经常需要与尘埃打交道的职业。

- 马库斯·沃尔默（Markus Vollmer）：《空气中的光游戏 初学者的大气光学》，海德堡：光谱学术出版社（Spektrum. Akademischer Verlag），2005。同时，施普林格出版社（Springer Verlag）出版了第二版，我没有找到。该书对大气中的光学现象进行了简单易懂的概述，其中多次，甚至大部分，也涉及空气中的尘埃。

- 电子版德国姓氏词典，你可以在其中查询所提到的名字，非常有趣，值得推荐。它仍然是一项正在进行的工作，但比迄今为止出版的姓氏词典更加严谨和准确：https://www.namenforschung. net/dfd/woerterbuch/liste/?tx_dfd_search%5Baction%5D=sear chre sult&tx_dfd_search%5Bcontroller%5D=Names&cHash =ffd4b4c41089c47a620ed0869fa94ad0 (08.07.2022).

- 约瑟夫·卡尔曼·布雷亨玛赫（Josef Karlmann Brechenmacher）：《斯普林因斯菲尔德 德国宗族名称中的拦路强盗》，斯塔克出版社（C. A. Starke），格尔利茨（Görlitz），1937，这里第 9-11 页是关于德国姓氏 Stövesand 或 Steubesand 的。布雷亨玛赫还写了一本德国姓氏的百科全书。

- 德国气溶胶研究会：德国气溶胶研究会关于理解气溶胶颗粒在 SARS-CoV2 感染中的作用的立场文件，可查阅网址：https://www.info.gaef.de/ position-paper (08.07.2022)。在这本小册子中可以找到关于尘埃的一般行为，以及尘埃和气溶胶的适用定义。

- 延斯·松特根（Jens Soentgen），乌利齐·M.加斯纳（Ulrich Gassner），朱莉亚·冯·哈耶克（Julia von Hayek），亚历山德拉·曼泽（Alexandra Manzei）（编）：《环境与健康》，GiP 第二卷，巴登 - 巴登（Baden-Baden）：在这本书中可以找到目前关于空气质量和健康之间关系的研究，特别是乌利齐·M.加斯纳的《关于法律规定》、克里斯托弗·贝克（Christoph Beck）等人的《关于天气、空气污染和中风》、安内特·斯特劳布（Annette Straub）等人的《关于雷暴性哮喘》和克劳迪娅·特拉德 - 霍夫曼（Claudia Traidl-Hoffmann）和克利门斯·海森 (Clemens Heuson) 的《要求干净的空气是属于人类的权利》。

- 尼古拉斯·康纳尔（Nicholas J. Conard），伊娃·杜特科维奇（Ewa Dutkiewicz），图宾根大学，古斯塔夫·里克（Gustav Riek）：《孤独山谷的猛犸象猎手 科学贡献和当前背景》，巴特舒森里德（Bad Schussenried）：格哈德·赫斯出版社（Gerhard Hess Verlag o. J. ）(2013?)。该卷不仅包含了旧文本的重印，还包含了对曾经生活在孤独谷的人们的生活方式的最新描述。

- 约瑟夫·赛瑞斯（Josef Cyrys）等人：《低排放区降低了德国城市的 PM_{10} 质量浓度和柴油烟尘》，空气与废物管理协会期刊（Journal of the Air & Waste Management Association）64 (4)，2014，第 481- 487 页，网上查阅地址：https://www.tandfonline.com/doi/full/10.1080/10962247.2013.868380 (08.07.2022)。最新一篇关于低排放区的影响的论文。

- 贾恩 - 彼得·弗拉姆 (Jan-Peter Frahm)：《关于苔藓》，耶拿

（Jena）：山楂树出版社（Weissdorn Verlag）2006。这本书是一本经典，作者是苔藓研究者贾恩 - 彼得·弗拉姆，不幸在 2014 年意外去世了。弗拉姆对于苔藓吸附尘埃能力的热爱令我印象深刻。

• 阿尔伯特·克拉泽（Albert Kratzer）OSB：《城市气候》。这本书的出版标志着城市气候学的创立，至今仍值得一读，它也是 20 世纪初中欧空气质量的历史证据。

• 叶夫根·纳扎连科（Yevgen Nazarenko）等人：《雪和寒冷环境对于汽油发动机废气中的纳米颗粒和特定有机污染物的影响和作用》，《环境科学 过程和影响》，2016，18，第 190-199 页。一篇关于城市中的雪的研究论文。网上查阅地址：https://pubs.rsc.org/en/content/articlelanding/2016/em/ c5em00616c（19.6.2022）。

• 雷蒙·奎诺：《老利蒙的孩子》，小说。德文译者：欧根·海尔姆勒 (Eugen Helmlé)，法兰克福：2001 出版社，1988 年（法文第一版，巴黎，1938 年）。在这本书的第 237-240 页，有一段关于簸箕悖论的叙述，在文学史上可能是独一无二的（见第 CXII 章）。

• 汉娜·罗斯·希尔（Hanna Rose Shell）：《肖迪——从魔鬼的尘土到破烂的文艺复兴》，芝加哥大学出版社，芝加哥，2020 年。这本书讲述了巨型尘絮肖迪的故事。

• 延斯·松特根（Jens Soentgen）（2016）：《尘絮的故事》，在：瓦妮莎 - 冯 - 格里斯钦斯基，莫娜 -B- 苏尔比尔，伊娃 -Ch- 拉贝（编辑）：《红线：思想的旋转——形成模式》，比勒费尔德（Bielefeld）：凯博文化出版社 (Kerber Culture)，第 24-37 页

• 文献网址：https://www.uni-augsburg.de/de/forschung/einrichtungen/institute/wzu/team/soentgen/publikationen-jens-soentgen/#opus-year-2016 (08.07.2022)。在这篇文章中，你可以

找到我对尘絮历史的一些重要言论的来源。

- 张俊杰（Junjie Zhang）等人:《12 个国家室内尘埃中的微塑料和相关的人类暴露》在:《环境国际》, 134 页, 2020, Eine allgemeine Abschätzung der Mikroplastik-Exposition。对于微塑料的研究文章。网上阅读地址: https://www.sciencedirect.com/science/article/pii/S016041201931952X (19.6.2022). Eine allgemeine Abschätzung der Mikroplastik-Exposition.

- 保罗·约瑟夫·克鲁岑（Paul J. Crutzen）, 尤尔根·汉（Jürgen Han）（出版）:《黑色的天空——核战争对气候和全球环境的影响》, 美因河畔法兰克福, S. 菲舍尔出版社（S. Fischer）, 1985.

- 马丁·艾伯特（Martin Ebert）:《厚重的空气——我们大气中的尘埃》在：延斯·松特根（Jens Soentgen）, 克努特·沃兹克（Knut Völzke）（编）:《尘埃——环境的镜子》, 慕尼黑, 2006 年, 可在奥格斯堡大学图书馆网站上查阅: https://opus.bibliothek.uni-augsburg.de/opus4/frontdoor/index/index/do cId/294 (08.07.2022)。对各种灰尘来源的概述, 我在文中根据最近的出版物修改了部分推测数据。我主要使用了出版物 Andreae, M. O., & Rosenfeld, D. (2008):《气溶胶 – 云 – 沉降的相互作用》, 第一部分: 云层活性气溶胶的性质和来源。地球科学评论, 89, 13-41。

- 哈罗德·弗伦特耶（Harald Flentje）等人:《撒哈拉尘埃的识别和监测: 1997 年以来德国南部的清单代表》, 在:《大气环境 109》, 2015, 87-96。

- 迪特·赫斯 (Dieter Heß):《花》, 斯图加特, 1983 年。一部关于花粉的非常漂亮的作品。

- 弗里德里希·默克（Friedrich Merke）:《地方性甲状腺肿和先天性碘缺乏症候群的历史和图解》, 汉斯·胡贝尔出版社（Verlag

Hans Huber），斯图加特（Stuttgart），维也纳（Wien），1971。
一部关于碘缺乏病甲状腺肿大和先天性碘缺乏症候群的非常全
面和透彻的医学史著作。

- 戴维·蒙哥马利（David Montgomery）:《泥土——为什么我们正
在失去脚下的土地》这是一本可读性很强的书，特别是关于沙
尘暴的章节（第 193-232 页）。

- 克里斯蒂安·普菲斯特（Christian Pfister）:《天气预报——500
年的自然灾害和气候变化》，伯尔尼（Bern）:霍普特出版社
（Haupt Verlag），1999。在这里你可以找到关于无夏之年的信息。

- 奥勒·塞里努斯（Ole Selinus）等人（编）:《医学地质学精要》
修订版。该书主要涉及各种（地质）粉尘源及其与健康的关系。

- 奥斯瓦尔德·托马斯（Oswald Thomas）:《天空与世界，文化与
建设协会》，慕尼黑（Munich），1929，其中关于彗星和流星的
章节（第 153-189 页）涉及宇宙尘埃，关于这一领域的最新文
章，见托马斯·史蒂芬的文章:《宇宙尘埃及其探索的方法》，
第 72-82 页，见:延斯·松特根（Jens Soentgen），克努特·沃
兹克（Knut Völzke）（编）:《尘埃——环境的镜子》，慕尼黑，
2006 年，可在奥格斯堡大学图书馆网站上查阅: https://opus.
bibliothek.uni-augs burg.de/opus4/frontdoor/index/index/docId/294
（2022 年 7 月 8 日）。

- 海因里希·巴尔特（Heinrich Barth）:《外观哲学——一本问题
世界史》，巴塞尔，斯图加特: Benno Schwabe 出版社，1959。
在这项调查的第 5 篇中，巴尔特涉及莱布尼茨的哲学，在第
354-360 页，他把哲学家对事物的想法视为群。

- 克劳迪娅·卡塔内奥（Claudia Cattaneo）（编）:《颜料，颜料的来
源，颜料的历史》，温特图尔（Winterthur），2011。它介绍了赭
石以及铅白等颜料，这是关于颜料的最重要和最美丽的书。卡

尔-海因茨·韦伯 (Karl-Heinz Weber) 研究了《西斯廷圣母》的颜料：《关于西斯廷圣母保存状况、绘画技术、保护措施的评论》，在：《绘画技术——复兴》杂志，编号 4，1984 年，第 9-28 页。值得注意的是，随着时间的推移，圣母像上也落上了尘埃（煤灰），这让画作变得非常暗淡；即使经过修复，圣母像也一次又一次地变暗（正如修复者所说，是由于附近的加热厂），直到最后进行上釉。

- 罗纳德·吉特勒（Ronald Girtler）：《用于洁净的尘埃》。炉灰曾经在农村被用来刷牙，我是从这本书中得知的。关于山上的尘埃，矽藻土（白垩或松土），你可以在《生物百科全书》或网上找到一些信息。

- 埃德蒙·洛卡德（Edmond Locard）：《刑事调查及其科学方法》，柏林：同志情谊出版社（Kameradschafts Verlag）1930。这部法医学经典的译本，有许多案例。

- 约翰·克鲁尼茨（Johann Krünitz）:《生物百科全书》。你可以在网上找到 http://www.kruenitz1.uni-trier.de/ (08.07.2022)。

- 戴维·蒙哥马利 (David Montgomery) :《泥土——为什么我们正在失去脚下的土地》。我再次提到这卷书，是因为它提供了关于黄土和一般土壤的重要信息，特别是第 293-231 页。如需进一步阅读，还可参阅文斯·贝塞尔 (Vince Beiser) 的书：《沙——一种宝贵的资源如何从我们的指缝中溜走》。奥孔出版社（Oekom），慕尼黑，2021 年。

- 延斯·松特根（Jens Soentgen）：雾的踪迹。伍珀塔尔（Wuppertal）：彼得·哈默出版社（Peter Hammer Verlag），2019。这本书介绍了科学中使用气溶胶的另一种方式，即云室。还对苏格兰的气溶胶研究进行了全面的评价。你可以在 https://www.youtube.com/watch?v=uA0KB2-64Ig（19.6.2022）上看到自己如何建造一个云室。

- 在 youtube 上还可以找到一个关于尘埃在取证中的应用的实验：
https://www.youtube.com/ watch?v=Gl2bKZ1bcBY（19.6.2022）。

- 引用的约翰·沃尔夫冈·冯·歌德（Johann Wolfgang von Goethe）
的作品是岛屿出版社（Insel Verlag）出版的十七卷本（= 威廉·恩
斯特大公爵版本）。

- 贡德尔·马腾克洛特（Gundel Mattenklott）：《尘埃王国——无
声的信使》，这篇文章来自康斯坦茨·罗拉（Constanze Rora）
和斯特凡·罗斯扎克（Stefan Roszak）主编的《不显眼的美学》
文集，第 21-30 页，也中肯地论述了歌德的尘埃思想。

- 阿尔布雷希特·舍内 (Albrecht Schöne)：《歌德的色彩神学》，慕
尼黑，C. H. 贝克出版社，1987 年。本书详细清晰地介绍了歌
德色彩学理论。

- 延斯·松特根（Jens Soentgen）：《对不显眼的赞美——意象与
古代传统》，在：《不起眼的美学》，康斯坦茨·罗拉（Constanze
Rora）和斯特凡·罗斯扎克（Stefan Roszak）主编，43-62。此
文以尘埃为例论述了不显眼的修辞，网上查阅地址：https://
www.uni-augsburg.de/de/for schung/einrichtungen/institute/wzu/
team/soentgen/publikationen-jens-soentgen/#opus-year-2013
(08.07.2022)。

- 鲁道夫·施泰纳（Rudolf Steiner）：《歌德的世界观》，1897 年，
魏玛（Weimar），鲁道夫·施泰纳出版社。在研究神学和人本主
义之前，施泰纳是歌德的研究者，并编辑了歌德的科学著作。
施泰纳的叙述仍然很有帮助。

- 吉恩 - 吕克·库德雷 (Jean-Luc Coudray)：《垃圾的哲学指南》。
这本书库德雷在第 95 页介绍了熵的双重概念。

- 奥利弗·施劳特 (Oliver Schlaudt)：《集恶魔与天使于一身的尘埃》。我想再一次提到这篇重要的文章。它可在网上查阅：https://www.merkur-zeitschrift.de/2021/10/25/muell-philosophy-des-devils-dust-and-the-angels-share/（19.06.2022）。

- 延斯·松特根（Jens Soentgen）：《与火的约定 改变世界盟约的哲学》，柏林（Berlin），2021。在这本书中，你会发现许多关于人类用火历史的资料。我从未发表的讲座和与同事的交谈中了解到很多关于未来的情景。

- 彼得·D. 沃德 (Peter Ward)，克里斯托夫·赫希（Christoph Hirsch）：《大洪水——冰雪融化后将会如何》，奥孔出版社（Oekom Verlag），慕尼黑（Munich），2022. 这里讨论了干旱等问题，参看第 117-142 页。

致　谢

尘埃是我的哲学博士论文的一部分，作为游牧成员，其行为与我们周围通常的静物有很大不同。我从来没有想过这个奇特的话题会引起这么多人的兴趣，但当时人力资源部晚间工作室的负责人彼得·肯普（Peter Kemper）肯定了这个主题，给我提供了制作广播节目的机会。这是这本书开始的机缘。谢谢你，彼得！

在奥格斯堡大学，我从 2002 年开始在"环境科学中心"努力促进环境问题的跨学科研究，早在 2003 年我就开始参与医学和科学尘埃研究。来自"亥姆霍兹环境中心"的安内特·皮特斯（Annette Peters）和约瑟夫·赛瑞斯（Josef Cyrys）让我参与了他们围绕"环境与健康"主题的项目，这种合作一直持续到今天，这也对科学委员会在 2016 年对奥格斯堡大学医学院建立研究重点"环境与健康 / 环境健康科学"起到了决定性的帮助。安内特还帮我联系了哈佛大学尘埃领域最重要的研究专家之一道格拉斯·道克瑞（Douglas Dockery）并进行了拜访。我感谢他们，也感谢我们学院院长玛蒂娜·卡德蒙（Martina Kadmon），她在致力于发展我们学院重要但鲜少有人研究的项目方面一直非常成功，而且精力充沛。

我还要感谢在 WZU"奥格斯堡气溶胶研究"工作小组、"气候、气溶胶与健康"工作小组和"神经 -EHS"工作小组中的同事：

埃尔克·赫蒂格（Elke Hertig）、史蒂芬·埃米斯（Stefan Emeis）、迈克·皮茨（Mike Pitz）、克劳斯·舍费尔（Klaus Schäfer）、亚历山德拉·施耐德（Alexandra Schneider）、迈克尔·埃尔特（Michael Ertl）、安德烈·菲利普（Andreas Philipp）、托马斯·格拉扎（Thomas Gratza）、朱孔德·雅各比特（Jucundus Jacobeit）、马库斯·瑙曼（Markus Naumann）、克里斯托夫·克诺特（Christoph Knote）、克里斯托夫·贝克（Christoph Beck）、斯蒂芬妮·吉勒斯（Stefanie Gilles）、雷吉娜·皮克福德（Regina Pickford）、苏珊·布莱特纳（Susanne Breitner）、克劳迪娅·韦特瑙尔（Claudia Weitnauer）、

莱纳·施万特（Reiner Schwandt）、克劳迪娅·特拉德-霍夫曼（Claudia Traidl- Hoffmann）、理查德·韦里奇（Richard Weihrich）等。我从你们身上学到了很多！我还要感谢许多科学家，尤其是一些艺术家和日常尘埃研究者，他们提供了许多令人兴奋的见解，例如艺术团队莫普艺术（Mop Art）和安德里亚·绍尔（Andrea Sauer），他们用房屋尘埃进行艺术实验。我也要感谢奥格斯堡的艺术家马克西米利安·普吕费尔（Maximilian Prüfer），他向我讲述了他的中国之旅。前段时间，我与著名的法兰克福设计师克努特·沃兹克（Knut Völzke）一起举办了"尘埃——环境的镜子"（Staub - Spiegel der Umwelt）展览，该展览在德国、瑞士和中国的博物馆展出，并出版了同名书籍，收录在由奥孔出版社（oekom Verlag）出版的《织物故事》系列中；除此之外，克努特为该展览和书籍收集了大量来自世界各地的尘埃样本。两米高的尘埃旋转器让我激动不已，它产生的大型尘埃庄严地向上漂浮。几年前，展览消失在风中，我以为我已经一劳永逸地摆脱了尘埃，但我错了……

这主要归功于来自德国袖珍本出版社（dtv）的劳拉·韦伯（Laura Weber），她不仅是本书的发起人，而且全程陪同本书的创作。在编写过程中，她还给出了许多建议，这些建议使本书更加完善。

马蒂亚斯·塞特尔（Matthias Settele）不知疲倦地支持我，陪着我一起查找文献，这对我帮助很大，使很多事情变得更容易。

最后，我感谢我的家人，我的孩子亨利克（Henrik）、梅尔（Merle）和斯黛拉（Stella），他们是我的快乐，还有我亲爱的妻子安娜（Anna）。你们是我完成此书的动力和精神支柱！

「尘埃」爱恨交织的微观世界